间种南瓜

间种甘薯

间种花生

间种豆类

间种辣椒

间种香瓜

间种芝麻

间种板蓝根

大红袍单株结果状

"梅花椒"果实

花椒外壳油泡

中短截修剪结果状况

中长枝结果

短枝结果

大红袍果穗

大红袍植株

大红袍结果性状

南强 1 号植株

南强 1 号果穗

南强 1 号结果性状

秦安 1 号果穗

秦安 1 号植株

秦安 1 号结果性状

狮子头植株

狮子头果穗

狮子头结果性状

无刺椒

琉锦山椒

"丫"字形树型

丛状多主枝开心形树型

开心形树型

杯状形树型

丰产花椒园

喜摘花椒

河南省伊川县鸦岭镇万亩花椒基地

河南省伊川县赵万钦老师指导花椒夏季管理

科研人员观察'洛椒早1号'生长结果情况

花椒雌花开放

花椒皮刺

花椒果苔副梢生长情况

花椒果穗形成

洛阳农林科学院选育的早熟优良单株'洛椒早1号'结果性状

'洛椒早1号果穗形状'

果穗粘染飞絮

花椒晚霜冻害

蚜虫为害

新梢霜冻枯死

衰弱花椒树骨干枝短截更新萌枝

花椒
优质丰产栽培技术
HUAJIAO YOUZHI FENGCHAN ZAIPEI JISHU

梁 臣 ◎主编

中国农业出版社
北京

内容提要

本书由花椒科研和生产一线专家编著。作者立足生产实际，全面系统地介绍了花椒栽培关键技术。内容包括：概述，种类与主栽品种，栽培的生物学基础，苗木繁育，建园，土肥水管理，整形修剪，病虫害防治与灾害防护，果实采收、干制与贮藏。全书内容充实，技术实用，可操作性强，可供广大椒农和基层农业技术推广人员学习使用，也可作为农民技术培训教材。

本书编委会

主　编　梁　臣
副主编　张　凯　贺敬连　倪锋轩　宋玲凡
　　　　李铁锁　赵万钦
编　委（以姓氏笔画排名）
　　　　王治军　王鹏飞　尹　华　白伟锋
　　　　刘中现　刘莎莎　杨素琴　李社辉
　　　　李铁锁　宋玲凡　张　凯　张帅鹏
　　　　张森森　畅凌冰　赵万钦　贺敬连
　　　　倪锋轩　徐慧敏　徐慧鸽　郭红玲
　　　　黄建伟　梁　臣　潘　永

前　言

　　花椒树耐旱、耐寒、耐瘠薄，栽植后结果早，管理简单，果实耐贮运，产品售价高，深受广大农民的喜爱，把它作为脱贫致富重要的种植项目，近年来，花椒种植面积迅猛增长，尽管各级政府开展多种多样的下乡技术培训和技术指导，解决了不少生产技术问题，但是，椒农在独自管理花椒树的过程中仍然缺乏技术经验，迫切需要实用的栽培技术资料。为此，作者以多年从事花椒科学研究和生产实践的经验为基础，引用大量有关资料，并结合广大椒农的成功经验，编写了《花椒优质丰产栽培技术》一书。本书系统介绍了花椒的经济价值、栽培概况、优良品种、生物学基础、育苗技术、花椒建园、土肥水管理、整形修剪、病虫害防治和灾害防护，内容紧密结合生产实际，突出先进性和适用性，可操作性强，实践中容易掌握，希望能给广大椒农提供帮助和指导。

　　由于作者水平有限，书中内容难免存在错误和疏漏之处，诚恳地欢迎广大读者和同行专家提出批评、指正。

编著者

CONTENTS

目　录

前言

花椒优质丰产栽培技术

第一章

概述

第一节　花椒的经济价值

花椒是我国栽培历史悠久、经济价值高、分布范围广的重要香料、油料和药用树种。花椒树适应能力强，根系发达，固土保水效果好，具有易栽培、好管理、生长快、结果早、收益高、用途广等特点，是广大农民喜爱的经济树种，也是贫困丘陵山区看好的精准扶贫经济树种。

一、营养价值

花椒主要用果实的外壳作调料，外壳的油囊中含有丰富的挥发油、生物碱、酰胺、木脂素、香豆素和脂肪酸等，其他成分有三萜、甾醇、烃类和黄酮类。花椒挥发油是花椒芳香性成分的来源，也是主要的药效物质。花椒挥发油可促进人体荷尔蒙释放，提高甲状腺素的渗透。花椒中的生物碱具有多种显著的生理作用，可抑制血小板凝集、抑制 DNA 异构酶和选择性抑菌作用。花椒中的酰胺大多为链状不饱和脂肪酸酰胺，有强烈的刺激性，对蛔虫有致命的毒性。花椒中的木脂素有抗癌、致泻、强壮、杀虫、毒鱼及肌肉松弛等作用；香豆素具有抗菌、使平滑肌松弛、抗凝血等生理作用；黄酮类化合物可预防心脑血管疾病。花椒果实的外壳中每千克干品含醇溶抽提物 253.8 克，不挥发性乙醚抽提物 123.5 克，挥发油 52 克，蛋白质 122 克，矿物元素钙、铁、磷含量分别为 8.9 克、2.8 克和 312.2 毫克。

花椒籽仁油中不饱和脂肪酸占 80% 以上，主要是常见的油酸、亚油酸和亚麻酸，且亚油酸和亚麻酸含量近 60%。因此，花椒是一种富含不饱和脂肪酸、氨基酸等成分的营养调料。

花椒籽中含油量丰富。据西北农林科技大学李孟楼教授分析，花椒籽中油脂占 27.1%、粗蛋白占 18.7%、粗纤维占 30.23%、蜡质占 8%～12%、灰分及挥发物占 10%。因此，花椒籽可作食用油原料，也可用作工业原料和饲料。

花椒嫩芽是良好的木本蔬菜，每千克干重芽菜含蛋白质 87.3 克，脂肪 8.41 克，碳水化合物 21.1 克，纤维素 15.8 克，胡萝卜素 179.6 毫克，维生素 B

11.23 毫克，维生素 D 34.67 微克；矿质元素钙、磷、铁含量分别为 933 毫克、1 700毫克和 73 毫克；氨基酸总量达 244.78 克。花椒芽营养丰富，香味浓郁，还有特有的麻香，是一道特色的农家菜，具有广阔的市场前景和开发潜力。

二、药用价值

花椒为传统的中药植物，有温中止痛、杀虫止痒的功效。用于呕吐、腹泻、虫积腹痛、蛔虫等症。外治湿疹瘙痒，还有抗氧化、抗血小板凝集、抑制神经和诱导有机体突变的特性。花椒中的挥发油可杀死某些病菌，可治疗皮肤癣或由真菌引起的皮肤病，对大肠杆菌、金黄色葡萄球菌、卡他莫拉菌、肺炎双球菌、流感嗜血杆菌、乙型溶血性链球菌、枯草杆菌和白色念珠菌有抑制或杀灭作用。古人将花椒制成椒浆、椒酒等用来杀菌驱虫。现代人们将椒叶、椒果放入衣柜、粮仓、米罐、面缸中防虫害。生活中流行的花椒水足浴，起到除体湿、促睡眠的保健作用。

三、工业价值

可以从花椒果壳中提取芳香油，作为食品香料和香精原料；种子含油量 25%～30%，是良好的油料资源，花椒籽油中 α-亚麻酸占 30%，可作保健食用油；花椒油可以制作生物柴油、涂料基料油，也是制造有机硅树脂、环氧树脂的原料；花椒籽还可以作饲料或有机肥料，改善土壤肥力。

四、生态价值

花椒树多呈灌木状生长，根系密集发达，复叶阻尘力强，有较强的抗尘、抗污染能力，是良好水土保持树种和厂矿绿化树种。花椒耐干旱瘠薄的土壤，适宜在我国南北广阔的丘陵地区栽植，对我国重点水土流失地区来说，栽植花椒树可以防止水土流失和土壤侵蚀，维护生态平衡。

第二节　花椒生产贸易

一、花椒产量

花椒主要在中国、韩国、日本栽培，而中国是花椒栽培面积最大、产量最高的国家，全国栽培面积 2 500 多万公顷，面积还处于继续扩大趋势；年产干花椒 45 多万吨，产值 300 多亿元，随着幼树结果面积的增加，产量和产值逐年增长。在全国形成了众多的花椒生产基地，比较闻名的花椒产地有陕西韩城，河北涉县，山东泰安，四川金阳、汉源、茂县，重庆江津，湖北恩施等。近年来在河南西部、北部，云南，贵州等地区，花椒栽植面积迅猛增长，产量和质量迅速提高，形成新的优质花椒生产基地，成为当地农业种植结构调整的重要经济树种，为当地农村增收、农民致富发挥越来越重要的作用。

二、花椒贸易现状

我国花椒产品主要是内销，少量出口到日本、韩国、东南亚等国家和地区，近年来也相继打进了欧美市场，贸易量较小。据统计，仅东南亚和日本的家庭消费市场每年需求在 2 万吨以上，70% 以上从中国进口。随着人们生活水平不断提高和食品工业的发展，花椒的需求量每年以 5% 以上的速度递增，花椒加工制品的需求以 20% 的速度逐年递增。由于花椒深加工产品拓展和市场需求增加，国内外花椒的需求量将迅猛增长，因而花椒价格一直居高不下。

第三节　花椒栽培概况

一、花椒栽培历史

花椒原产于我国，有 3 000 多年的栽培历史。早在《诗经》中就有"椒聊之实，蕃衍盈升"的描述。先秦时期的考古资料中有很多关于花椒的记载，说明花椒在先秦时期就有较广的栽培和应用。最早记载花椒栽培文献见于两晋时期的《山海经图赞》，北魏贾思勰的《齐民要术》中更详细地记载了花椒栽培技术，并多处提到花椒用于调味。宋代《本草图经》将花椒分类为秦椒、蜀椒。元代《居家必用事类全集》中记载做水晶脍必加花椒调味，洪咨夔《椒菊枕》中赞美了用花椒和菊花制作的枕头，白昼视物无碍可明辨秋毫，夜晚也感觉清楚明亮。明代李时珍在《本草纲目》中明确提出"其味辛而麻"的特点。最早花椒只是敬神的香料，到春秋时期已作为药物被利用，至东汉开始被用于随身佩带香物和烹调食品。1972 年在湖南省长沙市郊出土的西汉长沙国丞相利苍夫人辛追的墓葬，发掘时遗体全身湿泽，皮肤完好，指、趾纹路清晰，肌肉富有弹性，头发青秀，而死者手中握有绢丝包裹的含有花椒的香包，还有 4 个绣花香囊都装有保存完好的竹叶椒果实、种子、果梗和刺，在该墓出土的《五十二病方》中也有花椒作为药物使用的记载。在河北省满城县出土的西汉中山靖王刘胜的古墓中也放有花椒的果实及种子。说明早在西汉时期花椒不仅用于烹调食品，还作为中药和防腐剂被广泛应用。

根据文字记载，我国花椒是由野生品种经过人工栽培驯化逐渐形成的地方品种，由南部向北方引种扩大栽培范围。目前我国花椒生长的地理分布除东北、内蒙古等少数地区外，黄河和长江流域的 20 多个省份均有栽培。改革开

放前，我国花椒栽培范围虽然广泛，但面积规模小，花椒总产量不高。随着人民生活水平提高和食品工业的发展，花椒的市场需求猛增，价格不断攀升，各地发展花椒产业的积极性高涨，面积和规模不断扩大，建成了许多具有地方特色的花椒生产基地，极大地带动了当地农村经济发展和农户增收。随着科技的进步，各地花椒栽培在品种选择、种植方式、整形修剪、采收干制和储存加工等方面均有很大的技术进步。花椒产品价格逐年提高，单位面积产值成倍增长，由在立地条件不良的地块建园逐步转为土壤肥沃、灌溉便利的良田建园，花椒产量和质量得到很大提升。特别是在中央提出2020年贫困地区脱贫攻坚和精准扶贫后，许多贫困的丘陵山区农村把栽植花椒作为首选的精准扶贫项目，花椒的生产面积迅速增加，花椒由不起眼的小树种成为农村发展的重要经济林。大规模栽植花椒不仅可以获得可观的经济效益，还可有效控制水土流失，既富裕了山乡，又美化了乡村。

二、花椒生产现状

随着我国经济的快速发展，生活水平的不断提高，食品工业飞速发展和生产规模扩大，作为香辛料八大味之一的花椒快速发展。我国花椒种植面积和产量均居世界首位。花椒产于我国北部至西南部丘陵山区，陕西、山西、河北、甘肃、四川、重庆、湖北、湖南、山东、河南、江苏、浙江、江西、福建、广东、广西、云南、贵州、西藏等省份均有大面积栽培。近几年来已形成了陕西韩城，山东泰安，四川金阳、茂汶、汉源，重庆江津等全国闻名的花椒产业基地。仅重庆就栽植了3万余公顷的花椒基地，干花椒产量3.5万吨左右。重庆的云阳、巫溪、巫山、忠县、开县、大足等地均建立了上千公顷的花椒生产基地。陕西韩城的大红袍色泽鲜红、麻味强、产量高，成为韩城一绝；四川茂县、汉源的正椒色泽鲜红、麻味强、香气浓，享誉国内外；四川金阳和重庆江津的青椒色泽青绿、麻味醇正、青香浓郁，最受消费者青睐。近几年，湖北襄阳、河南西部地区的花椒发展面积大，栽植质量高，如三门峡的渑池县，洛阳的宜阳县、伊川县等新栽花椒面积均超过5 000公顷，品种均以大红袍为主，成为优质花椒生产基地。

花椒在国外规模化栽植较少，仅在日本和韩国有一定栽植面积。日本花椒栽培面积约1 000公顷，栽培最多的品种是"朝仓花椒"，此外还有"葡萄花椒""琉锦花椒""朝仓野花椒""冬花椒""稻花椒"等品种。日本花椒栽培主要分布在和歌山、鸟取、奈良、京都、兵库、大阪、岐阜等地，产品形式主要为鲜果和干果两种。日本把花椒作为一种药用植物进行栽培，日本的医药公司、医药教学与科研机构投入很大精力对花椒药用价值进行研究开发。日本花椒繁殖方式以嫁接为主，以"稻花椒""冬花椒"作砧木，这两个品种根系深，抗病、抗干旱能力强。嫁接品种以无刺、丰产的花椒为主。韩国花椒栽培面积相对较少，主要作为食用和药用植物栽培。韩国林业遗传研究所一直致力于选育多果穗、果粒大、无刺的优良品系。

三、花椒文化

花椒是我国分布最广的调味和药用植物，古人用花椒制作椒浆、椒酒，建筑椒房，并作为敬神之物。现今，花椒作为食品原料被大规模种植，许多花椒集中产区还举办花椒文化节，如陕西韩城的花椒文化节吸引了全国各地的客商。花椒叶绿果红，可以把花椒树制作成具有艺术观赏价值的盆景。花椒木纹理美观，是制作工艺品的原材料，多地用花椒木生产花椒艺术手杖。关于花椒名字的来源还有一段美丽的传说：三皇五帝时期，地处白龙江沿岸、武都与文县接壤之地的临江小镇，居住着一对年轻夫妻。男的叫椒儿，是个朴素而勤劳的人；女的叫花秀，有着山中女子特有的质朴。他俩每天起早贪黑、风雨无阻的在田间劳作，晚上在一块纺线织布，形影不离，生活过得十分美满，赢得了乡亲们的称赞。

有一年，神农到临江察访百姓生活，地方官将神农的吃饭安排在椒儿、花秀的家里，椒儿、花秀听到神农要在自己家里吃饭，心情非常激动，左思右想，花秀决定做自己最拿手的饭菜——荞麦面摊饼。花秀让椒儿采些香料，心灵手巧的花秀将蔬菜丝、香料卷入荞麦饼内，煮好菜汤，让椒儿把饭端上餐桌，请神农用饭。神农入座，一股芳香醇麻的香味扑鼻而来，椒儿和花秀把荞麦面饼递给神农，神农接过卷饼大口吃起来，花秀又盛了碗汤放到神农面前，又是一股清香扑鼻。神农边吃边称赞，"这是谁煮的饭？这么香！"地方官忙回答："这道菜出自椒儿和花秀夫妻之手。"并问椒儿和花秀，"饭菜这么香，里面放了什么？"。花秀忙回答："饭菜除我们亲手种的荞麦和蔬菜外，里面放了椒儿从山上'宝树'采回来的香果和香叶。"神农对在场的官员说："明日上山看看是什么宝树"。第二天正逢古历六月初六"红火节"，天气晴朗，万里无云，神农在众人的陪同下上了山，看到漫山遍野生长着果红叶翠的"宝树"散发着沁人心脾的香气，使人心旷神怡。他走到"宝树"前，细致地观察"宝树"，并向在场的人员询问了情况，摘了一颗果实放进嘴里，醇麻清凉的果味很快散发出来，向喉咙和鼻腔窜去，他用凉水将果粒冲服下去，不一会儿，感到脾胃发热、胃气上冲，连连点头说："这确实是个'宝树'，不仅是能调味的香料还是能医病的良药！"神农总结出"宝树"具有"叶青、花黄、果红、膜白、籽黑，禀五行之精"的优点。

神农临别时，发布诏书："把山上生长'宝树'用花秀和椒儿这对勤劳夫妻名字的第一个字'花'和'椒'命名为'花椒'，代代相传，为民造福。"花

椒由此得名。

虽然这只是一个美丽的传说，但花椒确实是一种很好的调味品，也具有一定的药用价值。花椒分布范围十分广阔，很多丘陵山区的群众把种植这种"宝树"作为脱贫致富的首选项目。

第二章

花椒种类与主栽品种

第一节　花椒种类

　　花椒属于芸香科花椒属，全世界约有 250 种，分布在亚洲、非洲、北美洲的热带和亚热带地区，是重要的食用调料、中药材、香料和油料树种。我国约有花椒属植物 45 种，13 个变种。花椒在我国主要作为香辛料调味品栽培，国内通常选用花椒、野花椒、川陕花椒、竹叶椒、无刺花椒、香椒子、长圆叶花椒等品种作为栽培种，其果皮（壳）具有较高经济价值。我国的四川、陕西、甘肃、云南、贵州、山西、河南、山东、河北等地人工栽培的花椒均属于上述这些种。

　　1. 花椒 *Zanthoxylum bungeanum* Maxim.

　　落叶灌木或小乔木，树高 2～7 米，茎干通常有增大皮刺；枝灰色或褐灰色，有细小的皮孔及略斜向上生扁宽而短的皮刺；当年生小枝被短柔毛。奇数羽状复叶，叶轴边缘有狭翅；背面常具有伸皮刺有时被短柔毛，长 8～14 厘米，互生；小叶 5～13 枚，多为 5～9 枚，小叶对生无柄或近无柄，纸质、卵形、卵圆形、卵状长圆形、椭圆形或广卵圆形，小叶长 1.5～5.0 厘米，宽 1～3 厘米，先端急尖或短渐尖，基部近圆形或钝，边缘有细钝锯齿，叶面和齿缝处有腺点。聚伞状圆锥花序顶生，长 3～6 厘米，被短柔毛，苞片细小，早落；花单性，稀两性，花色大多为白色或者淡黄色，雌花与叶同时开放，花被片 4～11 片，多为 4～8 片，排成一轮，花盘环形，花柱略侧生、外弯，柱头头状，无子房柄；雄花雄蕊 4～10 枚，退化雌蕊呈垫状凸起，雌花一般无退化雄蕊，若有则为鳞片状。蓇葖果，球形，外果皮密生疣状腺点，成熟后呈浅红色至紫红色，内果皮干后呈软骨质，成熟时内、外果皮彼此分离，种子圆形，黑色发亮。花期 4—5 月，果期 8—9 月，果、叶具麻香味。一般树体寿命 30～40 年，长者达 80 年，喜光耐旱，不耐低温、水涝，宜生长在沙质壤土或壤土，喜钙质土壤（图 2-1）。

　　2. 野花椒 *Zanthoxylum simulans* Hance

　　落叶灌木，高 1～2 米，枝具皮刺及白色皮孔，奇数羽状复叶，互生，叶轴边缘有狭翅和长短不等的皮刺；复叶通常有小叶 5～9 枚，厚纸质，小

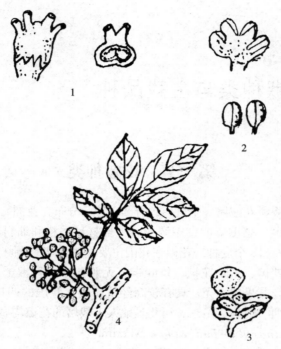

图 2-1　花椒
1. 雌花　2. 雄花　3. 果实　4. 枝叶和果穗

叶长 2.5～6.0 厘米，宽 1.8～3.5 厘米，对生，柄极短近于无柄，卵状圆形或卵状矩圆形，边缘具细钝齿，两面均有透明腺点，上面密生短刺刚毛。聚伞状圆锥花序，顶生，长 1～5 厘米，花单性，花被片 5～8 片，排成一轮；雄花雄蕊 5～7 枚。蓇葖果 1～3 个，红色至紫红色，茎部有伸长的子房柄，外面有粗大、半透明的腺点，种子近球形，黑色。3—5 月开花，6—8 月果成熟。分布于长江以南及河南、河北山区的灌木丛中，也有地区人工栽培。果实、叶、根入药，可散寒健胃。有止吐泻和利尿的功效，可提取芳香油和脂肪油。叶和果皮作调料，较花椒的品质稍差（图 2-2）。

　　3. 川陕花椒 *Zanthoxylum piasezkii* Maxim.

　　落叶灌木，高达 4 米，树皮灰褐色，通常基部有增大的皮刺。奇数羽状复叶，长 3～7 厘米，互生，叶轴两侧有狭翅，背面常生小皮刺；小叶通常 11～17 枚，对生，纸质，卵形、倒卵形或斜卵形，长 0.5～2.5 厘米，宽 0.3～0.6 厘米，顶端圆，基部楔形，两侧不对称，上半部边缘有细钝齿，两面无毛，下面中脉常有细小皮刺。聚伞状圆锥花序，腋生或顶生，长 1 厘米，花单性，花被片 5～8 片，排成一轮，狭卵形或钻形；雄花雄蕊 4～6 枚，花丝较花药短，药隔顶端

8

有色泽较深的腺体 1 个，雌花常有心皮 2～4 枚，花柱短，外弯，分离。蓇葖果 1～2 个，紫红色，有凸起的腺点。种子广圆卵形，长 3～4 毫米，黑色光亮。分布于四川、陕西、甘肃等省份。常生长在干燥的山谷或路旁。果实可提取芳香油，种子可榨油（图 2-3）。

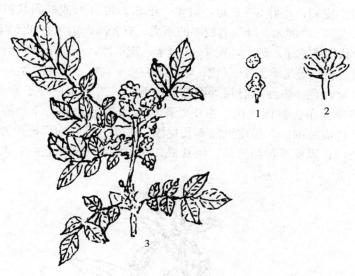

图 2-2　野花椒
1. 雌花　2. 雄花　3. 枝叶和果穗

图 2-3　川陕花椒

4. 竹叶椒 *Zanthoxylum planispinum* Sieb. et Zucc.

常绿或半绿灌木或小乔木，树高3～7米。枝直出而扩展，小枝光滑，枝干基部有扁平、尖突略弯曲的皮刺，老枝上的皮刺尖端脱落且基部木栓化。奇数羽状复叶，叶轴具宽窄不等的翅，下面有皮刺，在上面小叶片的基部处有托叶状的一对小皮刺；小叶3～9对，对生，纸质，披针形或椭圆状披针形，长5～9厘米，宽1～3厘米，叶面有较厚的蜡质，有光泽，边常有细钝锯齿，形似竹叶。聚伞状圆锥花序，腋生，长2～6厘米；花单性，小，花被片6～8片，三角状，排成一轮；雄花雄蕊6～8枚；雌花心皮2～4个，通常发育1～2个。蓇葖果红色至紫红色，表面具有粗大而凸起的腺点，果粒小；种子卵形，黑色，有光泽。主要分布在我国西南、东南、秦岭以南的低山疏林下、灌丛中。喜光、喜温，适应范围广，果皮风味不及花椒。果实、枝叶均可提取芳香油；种子含有脂肪油；果皮可作调味品；果及根、叶入药，有散寒止痛、消肿、杀虫的功效（图2-4）。

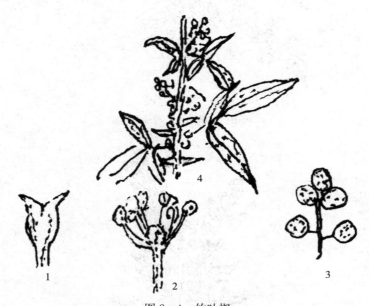

图2-4　竹叶椒
1. 雌花　2. 雄花　3. 果实和果穗　4. 枝和叶、果穗

5. 毛刺花椒 *Zanthoxylum acanthopodium* DC. var. Villosum Huang

灌木或小乔木，枝干具皮刺，幼枝上的皮刺有时对生，刺长，一般在5毫米以上；当年生枝条密被紫红色绒毛。奇数羽状复叶，互生，叶轴具宽窄不等的翅；小叶5～13枚，对生，无柄，纸质，披针形，长3～8厘米，宽1～2厘米，顶端渐尖或锐尖，基部楔形，边缘具细小锯齿或近全缘，上面被疏

柔毛，下面密被长柔毛。聚伞花序，腋生，长 1.0～1.5 厘米，花多而密集；花单性；花被片 5～8 片，排成一轮，狭条形；雄花雄蕊 5～7 枚，较花被片长，药隔顶部中间有 1 腺点，花盘环形，退化心皮小；雌花心皮 2～3 个。蓇葖果成熟时红色或紫红色，上略有凸起的腺点。主要分布在四川、云南、贵州等省份（图 2-5）。

图 2-5　毛刺花椒
1. 雄花　2. 枝和叶

6. 香椒子 Zanthoxylum Schinifolium Sieb. et. Zucc.

香椒子也称崖椒、野椒、狗椒。灌木，高 1～3 米，树皮暗灰色，上皮刺细长，直而尖。奇数羽状复叶，互生，叶轴具狭翅，上面具稀疏而略上向的小皮刺；小叶 11～21 枚，对生或近对生，纸质，披针形或椭圆披针形，长 1.5～4.5 厘米，宽 0.7～1.5 厘米，边缘有细锯齿，齿缝有腺点，下面苍青色，疏生腺点。伞房状圆锥花序，顶生，长 3～8 厘米；花小而多，淡青色，单性，5 基数；雄花雄蕊药隔顶部有色泽较深的一个腺点，退化心皮细小，顶端 2～3 叉裂；雌花心皮 3 个，几乎无花柱，柱头头状。蓇葖果球形，成熟时紫红色，顶端有较小的喙，表面有个甚隆起的腺点；种子蓝黑色，有光泽。6—8 月开花，9—11 月果成熟。常见于疏林中，我国南北各省份均有分布，朝鲜、日本也有生长。较耐寒，对土壤要求不严，但土肥条件好的地方更适宜其生长。果可提芳香油；种子可榨油，味浓香；根、叶及果可入药，能散寒解毒、消食健胃；作调味品较

花椒优质丰产栽培技术

花椒品质差（图2-6）。

图2-6 香椒子
1. 雄花 2. 果实 3. 枝叶和果

7. 刺异叶花椒 *Zanthoxylum dimorphophyllum* Hemsl. var. spinifolum Rehd. et Wils.

灌木或小乔木，高6米以上，枝粗糙，具稀疏皮刺。奇数羽状复叶，互生；小叶一般1～3枚，少数3～5枚，革质，广卵形至矩圆形，长4～12厘米，宽2～5厘米，顶端渐尖或急尖，基部楔形，边缘具细钝锯齿和细针刺，两面无毛，密生细小腺点，上面有光泽。聚伞状圆锥花序，顶生或腋生，长2～6厘米，花单性，小型；花被片7～8片，排成一轮，有时其中两片合生，先端叉状裂；雄花雄蕊4～6枚，退化心皮圆球形；雌花具退化雄蕊4～5枚，插生于花盘基部四周，心皮2个，离生。蓇葖果球形，成熟时紫红色，光滑，表面具细小的腺点。种子圆形，黑色，光亮。分布于陕西、湖北、贵州、四川等省份。生林中和旷地，叶、果均可提取芳香油（图2-7）。

图2-7 刺异叶花椒

12

第二节　花椒的主栽品种

花椒除内蒙古、东北等少数地区外在我国广为栽培。在漫长的历史进化过程中花椒的变异种很多，形成了类型各异的地方栽培品种。国内花椒产区经过长期的选择和培育均形成了各自的传统主栽品种。据不完全统计，至今我国各地栽培的花椒品种（包括变种）有 60 多个，各主产区均有适宜当地气候、土壤等立地条件的主栽品种。如陕西韩城、合阳，山西东南，河南西部的伏牛山、北部的太行山，河北涉县等地大红袍、小红袍、枸椒、豆椒等品种栽培面积大；甘肃天水、陇南等地秦安 1 号、大红袍、二红袍、小红袍、白沙椒、豆椒、枸椒等品种栽培面积大；四川汉源、泸定、越西、茂汉、金阳等地正路椒、大红袍、青椒、高脚黄花椒等品种栽培面积大；重庆开县、涪陵、江津等地以九叶青花椒为主；贵州遵义、威宁和梵净山地区主要以川椒为主；湖北、湖南及东南各省份栽培竹叶椒的面积较大。

一、主要优良品种及优良品系

1. 大红袍

又被称为狮子头、大红椒、疙瘩椒、秦椒、凤椒等。灌木或小乔木，树体较高大，株高 3～5 米。自然生长情况下，树形多为主干圆头形或无主干丛状形。树势强，树姿直立，树冠开心形，分枝角度小，萌芽力、成枝力较强。茎干灰褐色，刺大而稀，常退化；小枝硬，直立深棕色，节间较长，1 年生枝褐色或褐绿色，皮刺大、较稀疏。奇数羽状复叶，互生，少数为偶数；小叶 5～11 枚，多为 5～9 枚，少数 13 枚，长卵形或广卵圆形，稍内卷，边缘有细圆锯齿，叶尖渐尖，叶片表面光滑，蜡质层较厚，有腺点。聚伞状圆锥花序顶生，单性花。果枝粗壮，果穗紧凑，果柄较短，近于无柄；果粒大，直径 5～6 毫米；每个果枝结果 35～60 粒，多的有 120 粒，最多达 180 粒；鲜果千粒重 95～110 克，出皮率 30.5%；果面有粗大的凸状腺点，味浓香，成熟果浓红色或紫红色，果粒不易开裂。在华北地区 3 月下旬萌芽，4 月上中旬开花，8 月中旬至 9 月中旬果实成熟，10 月底至 11 月上旬落叶。

幼苗栽后 2～3 年结果，7～8 年进入盛果期，盛果期长达 20 年。大红袍是我国分布范围较广，栽培面积最大的优良品种，丰产性强，品质优，喜肥、耐旱，不耐水湿、不耐寒。宜栽植于土层深厚、肥沃的沙质壤土。

2. 小红袍

又被称为米椒、小椒子、马尾椒等。树体近似大红袍，灌木或小乔木，树高 2～4 米。树势中庸，树姿开张，分枝角度大，树冠扁圆形。茎干灰褐色，

皮刺稀而小，刺基部木质化强，呈台状；枝条细软，易下垂，1年生枝条褐绿色，阳面略带红色，皮刺较小，稀而尖利。叶片较小且薄，叶色淡绿。果柄较长，果穗较松散，穗小、粒小，直径 4.0～4.5 毫米，果粒大小不匀，鲜果千粒重 85 克左右。果实 8 月上中旬成熟，即比大红袍早成熟 10～15 天。果成熟后果皮易开裂，成熟不集中，采收期短。果皮鲜红色，麻香浓郁，香味浓，品质优。

幼苗栽后 2～3 年结果，5～7 年进入盛果期，盛果期 20 年左右。小红袍成熟早，果皮易开裂，栽培面积不宜过大。小红袍丰产性不及大红袍，但耐瘠、耐旱，在土层瘠薄干旱的丘陵坡地仍能取得较好的收成。

3. 大红椒

又被称为油椒、二红袍、二性子等等。树势中等，树姿开张，分枝角度大，树冠圆头形。新梢绿色，1年生枝褐绿色，多年生枝灰褐色；皮刺基部扁宽，尖端短钝，随枝龄增加，常从基部脱落。小叶宽大，卵状矩圆形，叶色较大红袍浅，表面光滑。聚伞状圆锥花序顶生，单性花。果穗松散，果柄较长，果粒中等，大小均匀，直径 4～5 毫米；鲜果千粒重 70 克左右；果皮表面疣状腺点明显，具浓郁麻香味，品质优；果实 9 月中旬成熟，果皮厚，褐红色，并具明亮光泽。

幼树栽后 2～3 年结果，7～8 年丰产，盛果期 20 年以上。该品种丰产、稳产，喜肥、耐湿，抗逆性强，四川的汉源、泸定、西昌等地栽培集中。

4. 白沙椒

又被称为白黑椒、白沙旦等。灌木或小乔木，树体较高大，成年树高 2～5 米，树势中庸，树姿开张，分枝角度较大，树冠圆头形。新梢绿白色，1年生枝淡褐绿色，多年生枝灰青色；皮刺大而稀疏，在茎干和多年生枝的基部皮刺常脱落。小叶宽大，卵状矩圆形，叶色淡绿。聚伞状圆锥花序顶生，单性花。果穗松散，果柄较长，果粒中等，大小较均匀，直径 4.5～5.0 毫米；鲜果千粒重 75 克左右；果皮表面疣状腺点凸起，麻香味较浓；果实 8 月中下旬成熟，晒干后褐红色，较其他品种色泽较差。

幼树栽后 2～3 年结果，5～7 年丰产，丰产性和稳产性强。该品种在山东、山西、河南、河北等地普遍栽植，果皮色泽不佳，市场商品竞争力差，销售不太好，不宜大面积发展。

5. 豆椒

又被称为白椒。大灌木，树高 2.5～3.0 米。树势较强，树姿开张，分枝角度大，树冠圆头形。新梢绿白色，1年生枝淡褐绿色，多年生枝灰褐色；皮刺基部宽大，先端钝。小叶长卵圆形，叶片较大，叶色淡绿。聚伞状圆锥花序顶生，单性花。果穗松散，果柄较长，果粒大，直径 5.5～6.5 毫米，鲜果千粒重 91 克左右；果皮厚，果实成熟前由绿色变为白色；果实 9 月下旬至 10 月中旬成熟，果实成熟时淡红色，晒制后呈暗红色，品质中等。

幼树栽后 3～4 年结果，7～8 年进入盛果期。豆椒耐旱、抗寒，在土壤瘠薄的地块仍能获得较好的收成，抗性强，产量高，在甘肃、山西、陕西等省份均有栽培。

6. 枸椒

又被称为土椒。灌木或小乔木，树体较高大，树高 3.0～4.5 米。树势强，分枝角度较大，树姿较开张，树冠多为圆头形。新梢淡绿色，1 年生枝褐绿色，多年生枝灰褐色；皮刺大而尖，基部扁干；小叶卵状矩圆形，叶片较宽大，叶色较大红袍浅，呈淡绿色或黄绿色，聚伞状圆锥花序顶生或腋生，单性花。果穗不紧凑，果柄较长，果粒小，直径 4 毫米左右，鲜果千粒重 70 克左右；成熟果淡红色或黄红色；果实 8 月下旬到 9 月上旬成熟，晒制后呈淡红色，品质中下等。

幼树栽植后 3～4 年结果，结果前长势强健，根系发达，耐旱、抗寒，该品种寿命长，不易受蛀干性害虫危害，发芽迟，花期晚，抗"倒春寒"和晚霜为害。因栽培产量低，品质较差，基本已淘汰，但可作为花椒优良品种的砧木，供嫁接。

7. 九叶青

落叶灌木或乔木，树高 3～7 米。树势旺，生长迅速，树姿开张，分枝角度大，树冠自然开心形。新梢绿色，1 年生枝褐绿色，多年生枝黑棕色或绿色，上有许多瘤状突起。奇数羽状复叶，互生，小叶 7～11 枚，幼苗 9 枚居多，卵状长椭圆形，叶缘具细锯齿，齿缝有透明的腺点，叶柄两侧具皮刺。聚伞状圆锥花序顶生，单性或杂性同株。果球形，果皮有疣状突起腺点，成熟果红色至紫红色。种子 1～2 粒，圆形或半圆形，黑色有光泽。

幼苗栽后第二年结果，第三年即有产量，丰产期树株产鲜椒 3～8 千克，结果早，产量高。该品种耐旱、耐瘠，椒果品质好，售价高，是重庆市江津地区花椒的主栽品种。

二、国内已审（认）定的花椒品种

1. 秦安 1 号

甘肃省秦安县郭加乡四嘴村杨家湾的一棵大红袍变异植株，1982 年发现，确认为大红袍的短枝型变种，落叶灌木或小乔木，1994 年通过审定。树体较高，树高 2～5 米，树势旺盛，树姿直立，萌芽力强，成枝力强，树形多为自然开心形。新梢和 1 年生枝条红绿色，多年生枝灰褐色，树体皮刺大；主干上侧枝分布均匀，层次分明，以短果枝结果为主，短枝比例 90% 以上，结果母

枝上平均混合芽 6.3 个。奇数羽状复叶，互生；小叶 9～11 枚，盛果期多为 7 枚，叶片大，叶面稍上翻，正面有一突出较大刺，叶背面有不规则小刺，叶缘锯齿处腺点明显，叶浓绿、较厚。聚伞状圆锥花序顶生或腋生，果穗大，紧凑，果实集中成串，易采摘，每果穗果实 120～170 粒，俗称"串串椒"和"葡萄椒"。果粒大，直径 6 毫米左右，鲜果千粒重 88 克左右，果面有粗大的疣状腺点，味浓香持久，果实成熟后为浓红色，干制后呈浓红色，比较鲜艳。

幼苗栽后 2～3 年结果，6 年以后进入丰产期，结果早，丰产、稳产。该品种喜肥水，抗干旱、抗寒冷、耐瘠薄、不怕涝，适应性强，采摘省工，果实商品性好。在甘肃天水地区 4 月上旬萌芽，4 月下旬至 5 月中旬为花期，7 月下旬至 8 月上中旬果实成熟，10 月下旬落叶，适宜在甘肃、陕西、山西、河南等省份栽培。

2. 汉源无刺花椒

落叶灌木或小乔木，树高 2～5 米，树势中庸，树形丛状或自然开心形。树皮灰白色，幼树有突起的皮孔和皮刺，刺扁平且尖，中部及先端略弯；盛果期枝无刺。奇数羽状复叶，互生；小叶表面粗糙，卵状长椭圆形且先端尖，叶脉处叶片有较深的凹陷，叶缘有细锯齿和透明油腺体。聚伞圆锥花序腋生或顶生。果穗平均长度为 5.1 厘米，果穗平均结实数 45 粒；菁葖果直径平均 5.1 毫米，果柄较汉源花椒稍长，果皮有疣状突出半透明腺点，基部并生 1～3 粒未发育的小果实，成熟果鲜红色，干制后为暗红色或酱紫色；干果皮千粒重 13.1 克，香气纯正，麻味浓烈。种子 1～2 粒，卵圆形或半卵圆形，黑色有光泽。

幼苗栽后 2～3 年结果，6～7 年进入盛果期，丰产、稳产。在重庆地区 3 月上旬萌芽，3 月下旬至 4 月上旬为花期，7 月中旬至 8 月中旬为果实成熟期，10 月下旬开始落叶。适宜年均温度 16℃左右，年日照时数 1 400 小时左右，年降水量 700～1 000 毫米，在海拔 2 500 米以下的地区栽培。

3. 中椒 1 号

中椒 1 号是从大红袍中选育出的优良品种。落叶灌木或小乔木，树高 3～5 米，树势强，树姿半开张，树形圆头形或无主干丛状。树皮灰褐色，皮刺对生，个别互生，基部宽厚，先端渐尖（常退化），随枝龄增加，皮刺脱落成瘤状凸起；新稍和 1 年生枝呈紫绿色，小枝硬且直立，节间短，长果枝结果为主。奇数羽状复叶，互生；小叶 3～9 枚，多为 3～5 枚，边缘呈波浪形钝齿，两齿之间生有褐色半透明的油腺点，叶面光滑有蜡质，散生不规则腺点，叶脉略下降。聚伞状圆锥花序，顶生。果穗长，紧凑呈簇状，果柄短，果粒大，直径 5.5～7.0 毫米，果面有粗大疣状腺点；每果穗着生果 35～50 粒，最多达 118 粒，鲜果千粒重 85～90 克；成熟果酱红色，干制后颜色基本不变，香味浓，麻味持久。种子 1～2 粒，球形或半球形，黑色光亮。

幼苗栽后第二年结果，7～8年进入盛果期，结果早，丰产性强，高产、稳产。在河南，3月下旬至4月上旬萌芽，4月下旬至5月初开花，9月下旬果实成熟，10月底至11月初落叶。适宜在河南、陕西、山西、山东等花椒产区栽培。

4. 林州红花椒

从大红袍中选育出的优良品种。落叶灌木，树高2～3米，树势强，分枝角度小，树姿半开张，树形圆头形或自然开心形。树皮褐色，皮刺大而稀，基部宽厚，随枝龄增大，刺端脱落成瘤。奇数羽状复叶，小叶5～11枚，叶缘锯齿状，卵圆形，深绿色，表面蜡质较厚，有光泽。果穗紧凑，果柄短，果粒大，直径5.0～6.5毫米，果实表面疣状腺点粗大；每果穗着生果30～50粒，最多达113粒，鲜果千粒重100克；果实成熟为深红色，干制后呈紫红色，香气浓郁，麻味持久，品质上等。种子1～2粒，黑色有光泽。

幼苗生长旺盛，新梢粗壮，萌芽率高，成枝力强，栽植后3年结果，5年进入丰产期，结果期早，坐果率高。在河南4月初萌芽，4月中旬至5月上旬为花期，8月中旬果实成熟，10月下旬落叶。适宜在河南、陕西、山西、山东等花椒产区栽培。

5. 荣昌无刺花椒

落叶灌木或小乔木，树高2.0～2.5米。树势旺，树姿开张，树形自然开心形或圆头形。新梢绿色，1年生枝褐绿色，多年生枝黑棕色；茎干、枝刺稀少，结果枝无皮刺。奇数羽状复叶，对生；小叶极宽大，呈长椭圆状披针形。聚伞状圆锥花序顶生，长10～14厘米，每花序花数多达220朵。果实圆球形，果皮有显著凸起腺点，果粒大，绿果采收期为6月下旬至7月下旬；果实成熟期为9月上中旬，成熟的果实为红色。种子卵球形，黑色。

该品种较耐寒、耐旱，稍耐阴，喜光，适应性强。幼苗栽后第二年结果，6～7年进入丰产期，丰产稳产性好，种植效益高，适宜重庆、四川等地栽培。

6. 狮子头

陕西韩城从大红袍中选育出的花椒优系。树势强，紧凑，新生枝条粗壮，节间稍短，1年生枝紫绿色，多年生枝灰褐色。奇数羽状复叶，小叶7～13枚，叶片肥厚，钝尖圆形，叶缘上翘，老叶呈凹形。果柄粗壮且短，果穗紧凑，每穗结实50～80粒；果实直径6.0～6.5毫米，鲜果千粒重90克左右；果实成熟后呈黄红色，干制后呈大红色，在保持大红袍果色优点的同时，香气更浓，不挥发乙醚抽取物显著超过大红袍。

幼苗栽后2～3年结果，5～7年进入丰产期，产量较大红袍提高27.5%左右，早果、高产、稳产，耐旱、耐瘠薄，抗逆性强。在韩城地区4月中旬萌芽，5月上旬至下旬为花期，8月中旬果实成熟，10月下旬落叶。适宜在陕

西、河南、山西、甘肃、山东等省份栽培。

7. 南强 1 号

陕西韩城从大红袍中选育出的花椒优系。树势强旺，紧凑，枝条粗壮，尖削度稍大，新生枝棕褐色，多年生枝灰褐色。奇数羽状复叶，小叶 9～13 枚，叶色深绿，卵状长圆形，叶表面腺点明显。果穗较松散，果柄较长，每穗结实 50～80 粒，最多达 120 粒；果粒中等，直径 5.0～6.5 毫米，鲜果千粒重 80～90 克；果实成熟后呈浓红色，干制后呈深红色，不挥发乙醚抽提物显著超过狮子头，花椒品质优于狮子头。

幼苗栽后 2～3 年结果，7 年进入丰产期，产量显著高于大红袍，稍低于狮子头，表现早果、高产、稳产、质优、耐干旱、瘠薄、无冻害现象，抗逆性强。在韩城地区 4 月初萌芽，4 月底至 5 月中旬为花期，8 月中下旬果实成熟，10 月下旬落叶。适宜在陕西、河南、甘肃、河北、山西、山东等省份栽培。

8. 无刺椒

陕西韩城从大红袍中选育的花椒变异优系。树势中庸，枝条较软，树姿开张，结果枝易下垂，新生枝灰褐色，多年生枝浅灰褐色，皮刺扁宽，盛果期退化脱落。奇数羽状复叶，小叶 7～11 枚，叶色深绿，叶面较平整，呈卵状矩圆形。果穗较松散，果柄较长，每果穗结实 50～100 粒，最多达 150 粒；果粒中等，直径 5.5～6.0 毫米，鲜果千粒重 85 克左右；果实成熟后呈浓红色，干制后呈大红色，不挥发乙醚抽提物高于南强 1 号，品质优良。

幼苗栽后 2～3 年结果，6～7 年进入丰产期，较大红袍平均增产 25%，耐干旱、瘠薄、抗逆性强。在韩城地区 4 月初萌芽，4 月底至 5 月中旬为花期，8 月上中旬果实成熟，10 月下旬落叶。适宜在陕西、甘肃、山西、河南、山东等省份栽培。

9. 琉锦山椒

原产日本，落叶灌木或小乔木，树高 3～5 米。树势强壮，树姿直立，树形圆头形或丛状形。树皮灰褐色，枝干光滑无刺。枝条密集、直立，新梢和 1 年生枝紫绿色或绿色，多年生枝灰褐色。果实椭圆形，果粒大，纵径 5.9 毫米，横径 5.0 毫米，脐部有一小突起；果实成熟为鲜红色，鲜果千粒重 74.5 克；平均穗粒数 58 粒，最多达 150 粒，果实 9 月下旬至 10 月上旬成熟。

嫁接苗当年成花株率在 80% 以上，结果早，产量高，丰产性强，栽植时需配授粉品种。该品种幼树期耐寒性差，不抗霜冻。河南省伊川县引种栽培，个别低温年份易发生冻害，嫩叶芽香气浓郁，适合作芽菜栽培。适宜在河北省中部以南地区栽培。

第三章

花椒栽培的生物学基础

第一节　花椒树体结构和特性

一、根

根系是植物的重要组成部分，是植物从土壤中吸收水分和矿质元素的主要器官，并且是控制植物与其周围环境进行能量和物质分配的关键器官之一。花椒种子发芽后，胚根先向下垂直生长，初生根为主根，在主根上着生许多侧根，侧根又生小侧根，最后长出细小的网状根，就形成了花椒的根系。花椒实生树幼苗期和幼树期根系在土壤中呈垂直状态分布，随着树龄的增长和环境条件的影响，特别是植苗建园的花椒树，主、侧根逐渐难以区分。在主、侧根上生长着具有吸收营养、水分功能密集的网状根（图3-1）。

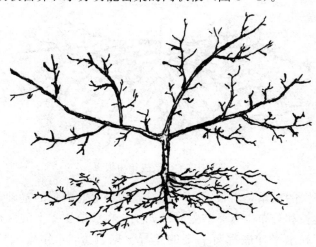

图 3-1　花椒树的根系

花椒树为浅根性树种，当年生实生苗和幼树垂直根系明显，随着树龄增长，垂直根生长缓慢，而水平根生长加快，形成庞大的根系。在沙质壤土上1年生实生苗垂直根深1米以上，侧根的分布深度集中在40厘米以上的土层中，主根的深度大于或等于苗高，水平分布的范围是苗高的1/3～1/2；2年生实生苗主

19

根垂直生长量很小，侧根的分布深度集中在 30 厘米以上的土层中，侧根水平分布的范围是苗高的 1/2～1 倍；3 年生实生幼树主根垂直生长量极小，侧根的分布深度集中在 20 厘米左右的土层中，侧根集中分布在树高 1.5 倍范围内（图 3-2）。随着树龄的增长，主根垂直生长几乎停止，侧根的水平延伸不断扩展，4 年生幼树枝展 1.9～2.1 米，根幅 5.5～6.5 米；10 年生大树枝展 2.8～3.2 米，根幅 15.4～16.8 米；25 年老树枝展 3.8～4.5 米，根幅 17.5～19.3 米（图 3-3）。

图 3-2　花椒幼苗根系

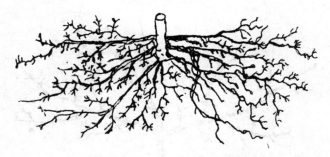

图 3-3　花椒成年树根系

　　花椒树强大的根系是生长结实，抗旱、耐瘠等能力强的基础。花椒品种不同，根系的生长和分布也有一些差异。如生长在沙质壤土上的大红袍和枸椒的根，垂直深度和水平伸展都有一定的差异。据调查，4 年生大红袍垂直根深 1.0～1.1 米，侧根水平伸展 2.6～3.3 米；枸椒垂直根深 1.2～1.4 米，侧根水平伸展 2.8～3.5 米，枸椒的吸收根在土层中生长分布较大红袍深。15 年生大红袍垂直根深 1.2～1.3 米，侧根水平伸展 7.6～7.8 米，集中分布于 10～20 厘米的土层中；16 年生枸椒垂直根深 1.3～1.5 米，侧根水平伸展 8.0～8.6 米，集中分布于 10～25 厘米的土层中。由此可见，枸椒的根系较大红袍发达，树势也强

20

壮，生长快，抗逆性强，寿命比大红袍长。

土壤类型不同，对花椒根系生长影响也十分明显。对河南省宜阳县雅岭乡红黏土和黄棕壤土栽植的 4 年生大红袍品种进行调查，生长在红黏土的花椒树平均树高 1.18 米，枝展 1.15 米，平均垂直根深 0.66 米，侧根水平伸展 1.28 米，吸收根集中在 15 厘米以上的土层内，20 厘米以下土层中吸收根很少；生长在黄棕壤上的花椒树平均树高 1.58 米，枝展 1.67 米，平均垂直根深 1.07 米，侧根水平伸展 2.48 米，吸收根集中在 20 厘米上下的土层内。可以看出红黏土上的花椒树生长量和根系明显低于黄棕壤上的花椒树。据常剑文（1987）等对生长在黄壤土、褐淤土、白垩土、红黏土、沙土上的花椒树根系生长调查，根系在土层中分布量分别为 553.8 克/米³、447.9 克/米³、219.9 克/米³、148.4 克/米³、98.5 克/米³，根系分布深度分别为 103 厘米、93 厘米、67 厘米、58 厘米、40 厘米，可见不同类型的土壤对花椒树根系生长影响十分明显。红黏土比较黏重，透气性差，影响花椒根系的生长；沙土地虽然透气性好，但一般保水、保肥性差，营养元素缺乏，根系生长不良。花椒虽然较耐瘠薄，但深厚的土层对花椒根系的生长具有明显的促进作用。对栽植在河南省宜阳县雅岭乡红壤土上的 7 年生大红袍进行调查，土层厚度 1 米以上的花椒树垂直根深平均 0.88 米，0～60 厘米土层根系占总根量 98.9%，侧根水平伸展 2.75 米，80% 以上的根系分布在距主干 1.5 米的范围内；土层厚度 0.8 米的花椒树垂直根深 0.56 米，0～40 厘米土层根系占总根量 92.7%，侧根水平伸展 3.23 米，80% 以上的根系分布在距主干 2 米的范围内；土层厚度 0.5 米的花椒树垂直根深 0.44 米，0～40 厘米土层根系占总根量的 100%，侧根水平伸展 1.56 米，80% 以上的根系分布在距主干 1 米的范围内。花椒栽植在深厚的土壤上，垂直主根和侧生吸收根入土深，侧根水平伸展范围大，当土层厚度低于 80 厘米时，垂直主根和侧生吸收根明显变浅，侧根水平伸展受阻。

花椒生长的坡向对根系生长和分布也有影响，据常剑文等（1987）调查，生长在阳坡的花椒根系生长量最大，阴坡上的花椒根系生长量小，两者相差近 3 倍，半阳坡的花椒根系居两者之间。根系生长量阳坡的花椒树最多，而树体生长量以半阳坡最好，结果量阴坡最差，阳坡与半阳坡的产量相平。

地下水位和降水对花椒根系生长和分布影响十分明显，栽植在地下水位高和河滩地上的花椒垂直根浅，水平根范围也小，栽植在地下水位低、土层深厚旱地上的花椒树垂直根深，水平根范围大，吸收根分布也深。在降水量大、降雨分布均匀的南方，花椒根系在土层中分布浅，而在降水量小、降雨分布不均匀的北方，花椒根系在土层中分布较深。在四川、贵州等南方地区，年降水量在 1 000 毫米以上，花椒生长期雨水充沛，土层地表湿度大，花椒根系多分布于 0～15 厘米的土层中，水平分布范围多在 1.5 米左右；在陕西、甘肃、河

南、河北等北方地区，年降水量在 500 毫米以下，花椒生长期干旱少雨，土壤湿度小，花椒根系多分布于 20 厘米以下的土层中，水平分布范围广，垂直根系入土深。如在河北省涉县石质山区 9 年生盛果期花椒树根展在 15 米以上，约为冠径的 5 倍。

栽植方式不同，花椒根系生长和在土层中的分布也不同。直播建园的花椒树不但有发育良好的水平根，而且还有发达的垂直根系，根系在土层中分布深，近地面的侧根与主根角度大，几乎与地表平行伸展，而向下着生的侧根与主根的角度小，几乎与地表垂直向下生长。嫁接苗建园的花椒树，由于砧木根系发达、抗性强，根系在土层中分布深，水平侧根生长快，在土层中分布的范围也大，吸收肥水功能强，植株生长旺，结果早，产量高。嫁接苗砧木根系发达，垂直根和水平根地下空间分布均高于自根苗，即垂直根系深，水平根系分布范围大，对土壤养分和水分吸收能力强，抗旱性、耐瘠薄性优于自根苗，生长结果也优于自根苗。

间作方式对花椒根系生长和土层分布也有一定的影响。自然生长条件下，一般杂草的根系较浅，在雨量充沛地区杂草根系生长与花椒存在较强的竞争，迫使花椒根系向土层深处生长才能吸收更多的土壤养分；在干旱少雨地区杂草萌生多在雨季，当降雨季节到来，表层土壤水分含量高，杂草和花椒的根系都伸向水分充沛的浅层土，当无降雨干旱季节花椒树为得到更多的水源，根系向深层伸展。花椒树间作物种类对根系生长和在土层分布的影响较大，行间种植小麦对花椒根系生长具有明显的抑制作用，小麦吸收根系较大，分布的土层与花椒根系交织，对肥水吸收能力强，使花椒根系吸收肥水不足生长变弱，因此，间种小麦应与花椒定植植株留有足够的保护带。间种红薯、花生等根系小的作物对花椒根系生长和土层中分布影响较小，同样需要留有足够的保护带。

土壤管理水平高低对花椒根系生长和在土层分布的影响也比较显著。放荒的花椒树根系在土层中分布较浅，垂直根向下扎根浅，水平根多在 15 厘米上下的土层中，降水多的地区水平根分布更浅；有灌水条件经常浇灌的花椒园根系在土层中分布相对浅，无灌水条件的花椒园根系在土层中分布相对较深；花椒园覆草或覆盖地膜的根系在土层中分布较浅，而无覆盖的花椒园根系深；土壤深耕或行间深翻的花椒根系量大，分布较深，不采取土壤耕翻的花椒园根系量少，分布浅；土壤肥沃，有机肥施用量大的，根系量大，网状毛细根密集。

树冠与根系的生长相互平衡，树冠直立性强，根系分布就深，树冠开张性强，根系分布浅，水平根伸展就广阔。花椒通常栽植在较为干旱的丘陵旱地，干旱缺水直接影响花椒根系的生长发育。据刘淑明等（2013）对美凤椒、小红冠和大红袍进行干旱胁迫试验的结果，主根随干旱胁迫程度增加生长长度受到抑制，而侧根随干旱胁迫增加生长长度增大；根系萌生数量随着干旱胁迫程度加大而减少。根系生长大幅度减少，导致地上部位生长量显著降低。参试的 3 个品种小红冠受干旱胁迫忍耐性最强，大红袍受干旱胁迫忍耐度最弱，说明花椒品种之间耐旱性有差别，小红冠耐旱性强，大红袍不耐旱。

总之，花椒根系的生长发育受土壤、水分、湿度等立地条件制约，同时也受品种、树体营养水平、树龄以及各个生长时期的影响，生产上应尽量满足花椒根系发育的环境条件，从而保证花椒根深叶茂、硕果累累。花椒树为浅根树种，根系在土层中分布比较浅薄，尤其是根颈，作为花椒地上部和地下部进行营养和水分传输的关键部位，因其接近地表，容易受伤和冻伤，入冬前应培土保护。

花椒根系的生长发育遵循一定的规律，在中原地区 3 月中旬土壤温度在 5℃ 以上时，花椒树开始萌生新根，根系的生长活动早于地上枝叶的生长，一般提早 15 天左右。花椒树根系全年出现 3 次生长高潮，幼树比衰老大树表现明显。第一次生长高潮从 3 月中旬开始，到 4 月中旬结束，大约 30 天，3 月下旬末至 4 月上旬初达到生长高峰。这次根系发生高峰主要是消耗上年树体储藏的营养物质。随着新梢生长，养分集中供应地上部生长发育，根系生长转入低潮。这次根系生长主要产生较细的吸收根，生根量大，根系生长长度小。新生细根初为白色，1 个月后木栓化，变为淡黄色。第二次根系生长高潮在 5 月上旬至 6 月中下旬，6 月上旬根系达到生长高峰。这次根系生长特点是生长速度快、根生长量大。发生的新根分两种，一种为较粗的长根，生长量大，具有扩大根冠和吸收养分的功能；另一种是细小的吸收根，侧生于生长根上，长度 1~2 厘米。第三次根系生长在 9 月下旬开始，至 10 月下旬结束，这次生根少，新根生长量也小，多为细小的吸收根，没有明显的生长高峰。花椒树根系生长依地区不同变化较大，温暖湿润的地区根系生长物候期提早，生长量也大，寒冷干旱的地区根系生长迟，生长量也小。摸清花椒树根系生长物候期和生长规律，是花椒树栽植时期和施肥管理重要的参考依据。

二、主干

花椒树主干是支撑上部树冠的重要部位。花椒树自然生长或人工栽培情况下，主干生长分为两种情况。一种是有明显的主干，主干的高低因品种、立地条件和栽培管理等差异很大，主干上着生若干主枝，主枝上分生侧枝，侧枝上分生结果母枝。主、侧枝顶端为发育枝，每年进行延长生长，形成树冠骨架；另一种是无明显主干丛状形，直接从地面分生 3~5 个方向各异的大枝，枝上直接着生二次分枝或结果母枝。

花椒树初生主干散生有皮刺，皮刺形状和密度因品种而异，随着树龄增长

23

和树干加粗，皮刺先端脱落，在树干上留下瘤状突起。主干多为灰褐色或褐色，同一品种因生长区域不同而有差异。

三、枝条

花椒的枝分为营养枝、结果枝、叶丛枝和徒长枝 4 种类型。

1. 营养枝

通常称为发育枝、生长枝。由叶芽发育而来，当年生长旺盛，一般不形成混合芽，落叶后称 1 年生的发育枝。营养枝着生的角度较小，多直立或直立斜向上生长，生长量多为 20～50 厘米，幼树生长量在 100 厘米以上，发育充实。营养枝构成按生长形成时间又分为春梢、夏梢和秋梢，春季生长的部段称为春梢，夏季生长的部段称为夏梢，秋季生长的部段称为秋梢。夏梢和秋梢交接的部位，因夏季短暂休眠或土壤干旱造成生长缓慢，节间短、叶芽瘦秕是夏梢和秋梢的分接点，肥水充足的幼树营养枝不停地生长，较难分辨出夏梢和秋梢。营养枝按生长量大小划分为长枝（≥30 厘米）、中枝（15～30 厘米）、短枝（<15 厘米）。幼树多萌生营养枝，迅速扩大树冠，为结果、丰产打好基础。主、侧枝的延长枝应选留营养枝，构建树冠骨架。随着树龄增加和结果量增大，营养枝比例快速下降，而结果枝比例迅速上升。

2. 结果枝

由混合芽萌发而来，在其枝顶或叶腋内形成聚伞花序从而发育成果穗的枝条。结果枝按生长的长短分为长果枝、中果枝和短果枝。一般长果枝和中果枝抽生的果穗大，坐果率高，短果枝抽生的果穗瘦弱短小，坐果率较低。结果初期的花椒树，中、长果枝比例大，果实质量高，随树龄增加大量结果，树势逐渐变弱，中、长果枝比例下降，短果枝比例增加，而产量逐年减少。长果枝长度在 10 厘米以上，直径 0.4 厘米左右，着生复叶数多，比较粗壮，抽生的果穗大，结果数量多；中果枝长度 5～10 厘米，直径 0.35 厘米左右，复叶数、果穗大小仅次于长果枝，结果数量明显高于短果枝；短果枝长度 1～5 厘米，直径 0.3 厘米以下，着生复叶少，比较瘦小，抽生的果穗短小，结果数量显著低于中、长果枝。

3. 叶丛枝

由叶芽或混合芽萌发而成，生长量在 1 厘米之内，因节间极短，复叶近似丛生而得名。叶丛枝也可抽生结果枝，果穗小，结果量少，一般着生几粒果实，或 1～2 粒。叶丛枝多发生于枝条的下部和树冠内堂，生长势弱的结果树叶丛枝较多。

4. 徒长枝

多由休眠芽发育而来，多发生在老树、重剪后、折断后的树干基部。徒长枝抽生较晚，节间长，叶稀疏而薄，生长旺盛，组织不充实，不能形成花芽。徒长枝生长量多在50～100厘米，长的可达150厘米。徒长枝大量抽生消耗树体营养多，容易造成结果量下降，同时扰乱树形。幼树期的徒长枝应根据其位置，采用拉枝的方法改变其方向，使之转化为结果枝，或从基部疏除；盛果期树的徒长枝，可将其短截后培养成结果枝组，扩大结果部位；衰老树的徒长枝应保留，用以更新树冠。

四、芽

花椒的芽分为叶芽、混合芽、休眠芽。

1. 叶芽

多着生在叶腋或枝条顶端，萌芽后只抽生枝叶而不开花结果。枝条顶端及上部枝芽可抽生旺盛新梢，上部的新梢多为营养枝或长果枝；中部的芽多抽生中短营养枝或中、短果枝；下部芽抽生叶丛枝或成为休眠芽。

2. 混合芽

多着生在枝条顶端或枝条上部的叶腋，萌芽后发育成枝和花序。花椒枝条顶端的混合芽多抽生中、长果枝，生长健壮，花穗长、粗壮，结果多，质量好；腋生混合芽多抽生短果枝，生长量小，果穗短，结果少。

3. 休眠芽

又叫潜伏芽，主要着生在主干、主枝中下部，芽小，不易看出，春季不萌发，呈休眠状态，受到外界刺激后萌生枝条，是树体更新和复壮的后备力量。休眠芽寿命1年至数年不等。

花椒的芽具有异质性，枝条的顶芽及其下3～4芽较饱满充实，易萌发成枝。由顶端向下基部芽质量依次下降。据陈进等（1991）对大红袍、米椒、豆椒等观测，顶端第一芽抽生枝条生长量达108厘米，枝径粗0.48厘米，复叶6个，小叶总数40枚，果穗2个，坐果34粒，顶芽以下芽的生长量、枝径粗、复叶和小叶数、果穗、坐数依次下降，至第七芽的抽枝长仅26厘米、枝径粗0.2厘米、复叶6个、小叶18枚、果穗1个、坐果10粒。花椒多数品种的芽是晚熟性，经过冬春季休眠后至翌年才萌发抽枝，但个别品种的芽具有早熟性，如米椒、枸椒等当年可萌生二次枝，当顶芽受损后，下部当年形成的新芽可萌发抽枝，形成二次枝。花椒的萌芽率因品种不同差别很大，大红袍枝条的萌芽力强，成枝力高；米椒萌芽力中等，成枝力强；九叶青萌芽力弱，成枝力强。修剪中常以品种枝条萌芽和成枝的强弱而确定修剪方法。

五、叶

花椒的叶因种类和品种不同变化很大，生产上栽培的花椒多为奇数羽状复

叶，互生或对生，有些种类叶轴两侧有狭翅或生有刺。小叶 3～17 枚，最多达 21 枚，多为 5～9 枚，对生，纸质或半革质，呈卵形或卵状椭圆形等形状，边缘多有锯齿，叶面散布腺点，叶色一般为绿色、浅绿、深绿色。

六、花

花椒的花集中生于小枝的顶端，为聚伞圆锥花序。花黄白色，单性，雌雄同株或异株，异花授粉，或孤雌生殖；花无花瓣及萼片之分，只有花被片 4～8 片；雄花有雄蕊 5～7 枚，雌花心皮 3～4 枚，子房无柄。

七、果实

花椒为蓇葖果，同一小果柄单生、双生、三生、四生、五生等等，以单生和双生最常见。果枝着生果粒数因品种、树龄、栽培条件不同而差异较大，一般 30 粒左右。果实圆球形或椭圆形，直径 4～6 毫米，果柄极短，外果皮成熟时呈黄红色、红色、紫红色，密生疣状腺点，内果皮干后为软骨质，成熟后分离。种子圆球形，少半球形，外被蜡质，黑色光亮，种仁 1 粒，乳白色，富含油脂。

第二节　花椒年周期生长发育

花椒生长发育的年周期是从萌芽、开花、生长、结果到休眠。这种有序的生长发育变化规律，是由野生到栽培的系统发育长期演变过程中受栽培区自然地理影响的结果，明确其变化规律，是正确制定管理技术措施的重要依据。

一、萌芽与开花

从芽体膨大到开花结束为萌芽开花期，此期混合芽萌发，结果枝生长、花序形成、终花期结束。萌芽开花期长短主要取决于环境的温度和湿度。当气候温暖干燥时，萌芽、开花延续时间短，反之时间长。每年气候变化不同，致使开花日期、持续天数不相同。据观察，大红袍在河南洛阳地区，芽在 3 月中旬，气温 10℃左右时开始膨大，混合芽 3 月底或 4 月初现蕾，持续 7～10 天，4 月中下旬开始开花，4 月底至 5 月初进入开花盛期，5 月上旬开花结束，开花期持续 10～15 天。花椒为聚伞圆锥花序，每个花序的中心花先开，顺次侧花开放；短果枝花先开，中、长果枝花序后开，腋花最后开放。

二、无融合生殖

花椒没有绚丽的花朵，很多是单性花，怎样授粉受精结实呢？据四川眉山职业技术学院的李智渊老师（2013）调查，花椒是孤雌生殖，也称为无融合生殖。李老师对自己的园艺科学试验园中的200多株花椒树持续观察12年，未见一枝雄花序。对眉山职业技术学院100株花椒树调查，在2009年发现1株雌雄同株树，一枝有2个雄花序，仅有1朵雌雄同花，花药6枚，雌蕊1枚，未能坐果。2010年，发现4株树上有7枝雄花序，另2株上各有1枝雌雄同序，雄花在上，雌花在下，花后结出果实。对周边椒园进行观察，2009年，发现1株有3个雌花枝、2个雄花枝，未见雄花散粉。2010年，花期套袋隔离授粉，均结出了果实。在河南省洛阳市伊滨区老井村，对花椒开花进行多年观察，花序为雌花序，未见雄花。

花椒以无融合生殖的珠心胚方式进行后代繁殖，这一点是许多芸香科植物所共有的特征。其发生的机制是有性生殖胚囊发生退化解体，珠心胚原始细胞启动—分裂—珠心胚胎发育。该过程不需要传粉和受精的刺激，但胚囊发育及分化需要正常胚乳，而胚乳是由两个极核自发形成的。珠心胚发生的这种进化，可补偿缺乏雄株造成的雌配子体败育，避免了种的灭绝。作为单性结实的花椒，不经过授粉受精，果实和种子都能发育，且种子具有发芽能力，无融合生殖率为25%。而果穗落花、落果的主要原因是养分供应不足，通过加强养分供应及防虫等措施可提高坐果率159%～241%。调查表明，自然界中尚未发现不结实的花椒个体，隔离的未经授粉的花序能够正常结实，且形成的种子具有再繁殖能力，并由此证明了花椒属于孤雌生殖。自然生长栽培的花椒群体中并未产生过多的分离现象，这也是在实际生产中更多地采用种子繁殖的一个主要原因。

三、枝条生长

花椒枝条生长从叶芽萌动开始到新梢顶端形成新顶芽终止，生长开始时间因生长部位、光照条件而不同，常分为开始生长期、高峰期、终止期。开始生长期叶芽开放，叶面积增大，新梢生长速度不明显；高峰期又称速生期，新枝明显伸长和增粗，枝上新叶随之形成和长大。生长期长短随枝条种类而不同，幼枝的营养枝生长期长，结果树生长期短。生长终止期新梢生长渐渐变慢，直至停长，枝条组织逐渐充实，最终形成顶芽。

花椒树营养枝一年有2次生长高峰。在河南省洛阳地区3月中下旬气温在10℃左右时，花椒芽开始萌动，至4月初萌芽开始展叶，4月中旬新枝形成，开始快速生长，进入第一次生长高峰，持续到5月中旬新梢生长速度变慢，此期大约持续30天，生长量占枝条全年生长量的35%左右。6月下旬至8月上中旬新梢进入第二次生长高峰，此期约65天，生长量占枝条全年生长量的40%左右。进入9月，枝条新梢生长逐渐停止。全年新梢加粗生

长也有 2 次生长高峰期，与新梢加长生长重叠。第一次加粗生长高峰期结束，枝条粗度生长量占全年 50％左右；第二次生长高峰结束后，枝条粗度生长量占全年 30％左右。结果枝萌生后 4 月中旬进入生长高峰，至 5 月中旬结束，全年仅有 1 次生长高峰期，生长期短。结果枝粗生长高峰期集中在 4 月中旬至 5 月中旬，与加长生长重叠，加长生长停止后结果枝仍有缓慢加粗。叶丛枝生长量很小，生长时期也很短，萌芽后 15～20 天完成全年生长量。徒长枝多由潜伏芽萌生而成，比营养枝萌发晚，多在 5 月萌生，长势很旺，生长量很大。徒长枝没有很大的生长波动，从萌芽开始持续不停地生长，直到生长终结。徒长枝的生长速度和生长量受土壤肥水影响很大，肥水偏多，徒长枝生长快、生长量大，在 150 厘米以上，停止生长也晚；干旱贫瘠，徒长枝生长速度慢，生长量也很小。

四、果实发育

花椒花期终止后柱头变褐色，枯萎脱落，幼果出现。幼果于 5 月中旬至 6 月上旬迅速膨大，果粒大小可达成熟时的 90％，此后果实生长逐渐减缓，至 6 月底果实生长基本停止，果粒达到成熟时的体积。果实质量在 5 月中旬至 7 月中旬迅速增加，可达成熟时的 90％，此期主要是果实干物质积累，使种仁充实，果实油腺充盈，风味更加浓郁。7 月中旬以后，果实的质量持续增长，增加量很少，果实果皮由绿变黄，进而变为浅红色，种子变黑色，种壳变硬，种仁饱满。8 月中旬，果皮通身鲜艳深红，达到充分成熟。此后果实的果皮逐渐开裂，与种子分离，果实相继脱落，时间持续到 10 月中下旬。

花椒单粒果实的速生期约 15 天，而单果穗果实的速生期约 20 天。在一个果穗中，初期果实生长发育很不整齐，一部分果实速生期已经结束，而另一部分果实刚刚开始生长膨大。花椒结实量大，果实膨大期短，消耗养分大，生理落果严重，果实膨大期是花椒生理落果的高峰期，一般花椒园落果 30％左右，干旱瘠薄地花椒落果在 50％以上。

五、花芽分化

花椒由营养生长向生殖生长转变是一个复杂的生物学过程。开始结实时间的早晚受遗传物质、内源激素、营养物质及外界环境条件的综合影响。花椒花芽分化历经生理分化和形态分化两个阶段。生理分化是营养生长转向生殖生长的质变，导致质变的内因是激素、营养物质、多胺等内源物质含量的合理组合，引起内因变化的是温度、湿度、光照、水分、土壤等环境因子和修剪、施肥、施用激素及其他物质等栽培措施的综合作用。形态分化是在生理分化质变起点的基础上，在内源物质继续作用下发育构成完整花器，完成从叶芽生长点到花芽的形态建成过程。

据西北农林科技大学吕小军（2013）对陕西凤县大红袍花芽分化过程观察，花椒花芽分化进程可划分为6个不同的发育时期。

（1）花芽未分化期：11月以前，芽体外形较小，生长点扁而宽，呈弧状，原生组织的细胞体积小，形状相似，排列整齐。（图3-4）。

（2）花芽分化始期：12月初大多数花芽开始分化，生长点逐渐向上隆起，呈椭圆形（图3-5）。

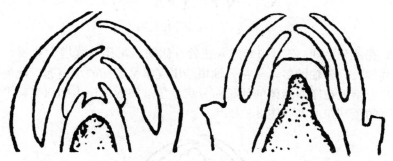

图3-4　花芽未分化期　　　　图3-5　花芽分化始期

（3）花序分化期：进入花序分化始期的时间在12月下旬，1月初大多数花芽已经进入花序原基分化期，结构较为清楚。生长点开始伸长，变得圆滑肥大，向上隆起成圆锥状，此后生长点继续伸长增大。生长点范围内的原生组织细胞下面是初生髓部，细胞大而圆，排列疏松（图3-6、图3-7）。大多数花芽在2月初进入花序分化后期，花芽开始逐渐变大，圆锥状的生长点逐渐伸长，原生组织呈"八"字形，为花序总轴分化期，在不伸长的总轴原基上分化出现多个近圆形的凸起，并逐渐伸长增多，此为花序二级轴、三级轴分化期，随后凸起开始逐渐伸长呈椭圆状（图3-8）。花序分化时间持续较长，大约40天。

图3-6　花序分化前期　　　　图3-7　花序分化中期

图3-8　花序分化后期

（4）花蕾分化期：2月中旬进入花蕾分化期，花芽继续增大变长，花序原始体继续伸长，分轴增多，并在分轴顶端出现略呈弧面的小突起，此为花蕾原基。花蕾原基随花序原始体的伸长而分离，顶端突起逐渐由圆扁变扁平，形成伞状花序的顶端花原基（图3-9）。

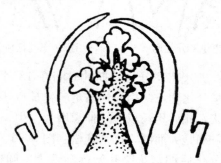

图3-9　花蕾分化期

（5）萼片分化期：萼片分化期主要发生在3月初，生长点顶端继续变宽、变平坦，成椭圆形，在花蕾原始体外侧出现小突起，逐渐伸长并向内弯曲，形成花萼原始体（图3-10）。

图3-10　萼片分化期

（6）雌蕊分化期：3月中下旬进入雌蕊分化期，直到4月初芽体明显增大，花蕾原始体萼片间的弧面变宽平，出现2～4个小突起，此为子房原始体。子房原始体逐渐发育，小突起伸长变宽，呈圆柱形，此为柱头原始体，此时芽体开始萌动，分化过程全部结束（图3-11）。

图3-11　雌蕊分化期

花椒品种不同，花芽开始分化时间也不同，但分化各时期基本相同，韩城大红袍较凤县大红袍推迟15天左右，分化速度大体一致。营养是花芽分化的物质基础，若气候干旱、土壤瘠薄、水分不足、施肥很少，树体在维持基本生存的条件下进行花芽分化，分化出的花芽瘦弱，萌发后花序短小，结果少、产量低。花椒绝大多数是雌花芽，很难找到雄花芽，因此，解剖观察花椒花芽分化均为雌花分化过程。

第三节　花椒个体发育生命周期

花椒从种子萌发到衰亡，构成整个生命周期。在全部生命过程中可划分为若干阶段，在不同阶段中，生命过程的规律是不同的，掌握其规律，有助于更有效地利用和改造花椒。花椒实生树生命周期长，嫁接树生命周期较短，这是因为实生树童期长，结果晚，生命力强，而嫁接树童期缩短，结果早、产量高、消耗营养多，树体易衰弱。树体生命周期的长短受自然环境、管理水平等多种因子的影响。在自然条件适宜、管理精细的条件下，其生命周期长，反之，则生命周期短。花椒树一生的生长发育过程可以划分为5个年龄阶段，即幼龄期、生长结果期、盛果期、结果衰老期、干枯生长期。这个过程称为花椒的生命周期。

一、幼龄期

花椒的幼龄期是指从种子萌发到第一次开花结果这段时期，花椒的栽培

种幼龄期是指从苗木定植至开花结实以前的时期。其特点是营养生长占优势，枝条生长量大，骨干枝、侧枝展开的角度小，比较直立，营养枝生长占优势，物质积累少而迟，大部分用于营养器官的生长，新梢生长量大，不太充实；根系由垂直生长逐渐转向水平发展，根幅迅速增大。这段时间的长短受花椒种类、品种、嫁接接穗年龄等因素的影响，有较大的差异，一般情况下实生苗的幼龄期在3～4年，而有些品种第二年就开花结果。嫁接花椒苗接穗年龄对结果期早晚影响很大，采集成熟态接穗的嫁接苗第二年开花结果，幼态接穗的嫁接苗结果年龄则推迟1～2年。另外，修剪和肥水等栽培管理措施可推迟或提早开花结果，加大肥水管理和过重修剪，可延长花椒幼龄期，推迟开花结果；而合理的浇水施肥、轻剪长放、拉枝开角可缩短幼龄期，促使其提早开花结果。

二、生长结果期

从开始结果到大量结果，再到稳定结果这段时期，称为生长结果期，一般3～4年。这一时期的主要特点是营养生长占主导，树冠、根系不断扩大生长，分枝增多，枝梢与根端距离渐远，离心生长势减缓。枝条急剧增多，果实产量逐年递增；随着结实量增多，树体分枝角度逐渐开张，树冠大小趋于稳定，产量也趋于平缓，这时水平根分布范围可为冠幅的2～3倍，须根数量远远超过前阶段。这个时期要加强肥水管理，注意培养和配置结果枝，培养良好树形，在保证树体健壮生长的基础上，尽快提高产量，获得高产。

三、盛果期

从果实产量达到高峰并持续稳产的时期被称为盛果期，这一时期持续15年以上。其特点是生殖生长占主导，树冠体积达到最大，生长势逐渐减弱。骨干枝增长慢，每年树体生长主要在小侧枝上，小侧枝多数能成为结果枝，大量开花结果。由于结果多，消耗营养物质也就多，如果管理不善，营养失调，易形成结果大小年现象。在管理上要加强肥水管理，防治病虫危害，保护好树体。通过修剪调节生长与结果、积累与消耗的矛盾，减轻大小年结果，延长盛果期年限，争取稳产、优质、高产。

四、结果衰老期

从生命活动衰退到产量显著减少的时期被称为结果衰老期。其特点是骨干枝停止生长，其先端开始干枯，小侧枝大量死亡，新梢数量大大减少，生长变弱，新梢多为结果枝，骨干枝基部出现大量徒长枝，树冠体积缩小。此期在管理上，应该加强肥水管理、防治病虫、增强树势。修剪时主动压缩树冠，有计划分步骤地进行大枝更新，利用徒长枝进行复壮更新，延长结果年限。

五、干枯生长期

骨干枝大量死亡，根茎部出现根蘖，下部更新生长势很强，极少结果或不结果。此时可以选留1～2个蘖条，培育新的花椒植株。利用这种更新方式，对改造老椒园发掘生产潜力，具有一定的经济价值。

花椒树5个发育阶段的长短多取决于椒园的管理程度，在精细管理的椒园内，实生花椒的生命期可达40年；粗放管理条件下，实生树最多能维持20余年。

第四节　花椒对环境条件的要求

花椒树体的生长与周围环境是一个矛盾的统一体，两者相辅相成、相互制约。因此，了解花椒树体与环境之间的相互关系，对生态环境因子的要求与反应，揭示其生态规律，是指导引种、选种、适地适栽、合理区划、栽培技术设计、调控椒园生态系统、提高产量和质量、保持生态相对平衡，以及提高经济、社会和生态综合效益的基本理论和实践依据。

花椒天然分布于北纬25°—40°的亚热带和暖温带的平原、丘陵、山地等，适应性和抗逆性强，多生长在旱地、贫瘠的阳坡或半阳坡。花椒种类不同，自然分布的地域也不同。花椒的水平分布北起东北南部，南到五岭北坡，东至江苏、浙江沿海地带，西至西藏东南部，台湾、海南及广东没有分布；垂直分布在平原及海拔较高的山地，青海2 500～2 700米的山地仍有栽培。竹叶椒生长范围北至山东以南，南至海南，东至台湾、西至西藏东南部，日本、朝鲜、越南、缅甸、印度、尼泊尔也有分布；垂直分布在低丘陵到2 200米山地地区，适应多类型生态环境。青花椒分布在五岭南坡的福建、广西、广东等省份，五岭北坡的辽南多省份，在海拔800米的酸性紫色土或中性土上生长良好。

花椒栽培种集中分布在甘肃、陕西、山西、河北、河南、山东、四川、重庆、湖北、湖南、贵州、云南等省份，主产于交通不便，立地条件较差的丘陵山地。在系统发育中，由于长期适应周围的自然环境条件，形成了不同的生态类型和种类。

一、温度

花椒是喜温的树种，适宜的年平均气温为8～16℃，在年平均气温为10～

14℃的地区生长良好，这一气温范围也是花椒栽培面积最大的区域。年平均气温低于8℃，热量不够，树体易冻害，果实质量低。花椒树液在0℃以上开始流动，5℃以上芽开始萌动，8℃以上枝条开始展叶，10℃以上花序现蕾，13℃以上开始开花，花期最适宜的气温为16～18℃，18℃以上果实开始着色，最适宜果实发育和着色的温度为20～25℃。根据甘肃省临夏县12年气象资料和花椒产量调查发现，花椒生长结果各个时期对温度的要求比较高（表3-1）。地理位置和品种不同对温度高低要求也有一定的差异，在陕西韩城大红袍萌芽的气温8.2～9.6℃，出芽气温12.2～13.6℃，开花气温14.4～15.8℃，结果气温17.6～18.8℃，果实膨大气温20.8～21.7℃，果实着色气温23.6～24.9℃，成熟气温23.5～21.8℃；重庆汉源气温在8℃以上时，花椒芽开始萌动，10℃以上抽生新芽，10～19℃为开花气温，果实生长发育的气温20～25℃。

表3-1　花椒适生区对温度要求

	全年生育期5℃积温	果实着色期15℃连续天数	种植海拔	果实质量
最适宜栽培区	≥2 200℃	≥70天	<1 600米	优质
适宜栽培区	2 000～2 200℃	60～70天	1 600～1 800米	优良
次适宜栽培区	1 800～2 000℃	50～60天	1 800～1 900米	较好
可栽培区	1 600～1 800℃	40～50天	1 900～2 100米	较差
不可栽植区	≤1 600℃	≤40天	>2 100米	难达成熟

资料来源：孙玉莲，边学军，韦伯龙，等. 甘肃临夏地区花椒生态气候适应性分析与产量动态气候模型［J］. 西南农业学报，2014（2）：846-850.

花椒树耐寒性比较强，在正常发育和充足休眠的条件下，幼树枝条可耐－20～－18℃低温，10年生以上大树可耐－23～－20℃低温，低于－25℃枝条冻害枯死，严重时整株枯死。花椒树休眠期耐寒性较强，幼芽和开花期不耐冻，气温下降到0℃以下时，幼芽冻害枯死变黑，气温下降到3℃以下，持续3天以上时，幼芽也易受冻枯死。开花期气温低于3℃，或急骤降温幅度超过6℃时，花受冻害难以结果。在年平均气温10℃以下的花椒栽培区域和地形复杂的高海拔山区，花椒树虽然能安全越冬，但易受晚霜危害，冻梢、冻花是造成减产和绝收的重要因素。

二、水分

花椒树根系发达，毛细根呈网络状，耐旱能力强，具有很强的抗旱性。在高温、干燥的丘陵旱坡地仍能正常生长发育，在年降水量大于400毫米，无霜期150天以上的条件下正常生长、开花、结果。花椒生长适宜的年降水量为

500~1 000 毫米，尤其 4—5 月开花结果期干旱无雨可造成严重减产或绝收。花椒生长期内 4—5 月降水量在 80~120 毫米，8 月至 9 月上旬降水量在 150 毫米以上才能保证其正常生长和结果。因此，对于有灌溉条件的花椒园在上述两个时期遇到无雨和降水不足的情况时应及时灌水，保证花椒生长健壮、优质丰产。

花椒树根系浅，怕水淹，不耐涝，在降雨季节有短期积水或冲淤即可造成烂根死亡，因此，雨季注意椒园排水。4—5 月花椒开花、坐果期间连续阴雨可造成严重落花、落果，或坐果率极低；8—9 月连续 5 天以上阴雨，每天降水量大于 5 毫米也能造成果实大量脱落，长时间涝灾也能造成死树。

三、光照

花椒是强阳性树种，喜光，忌遮荫。在光照充足情况下，生长结果状况良好；树冠开张，结果多，品质优。若光照不足，叶片淡黄，枝条生长量小、细弱，短枝落叶早、易干枯，中下部光秃，结果部位外移，结果量少，品质下降（着色差，麻香味不浓）。据观察，不修剪的花椒树，枝条紊乱，通风透光不良，树冠中、下部枝条结果后衰弱枯死，结果部位转移到树冠外围；密植栽培的椒园，随着个体增长，密度过大，株间距小，枝条过密，生长季节遇雨季形成高温高湿环境，易受病虫害侵染，下部枝条枯死严重。光照条件恶化也影响花芽分化，花芽瘦弱，成花枝比例下降，开花结果减少。据调查，大红袍生长结果全年需要光照 1 800 小时以上，4 月开花期需要 210 小时以上光照，7 月着色至成熟需要 220 小时以上光照；汉源清椒在原产地需光照 1 661.2 小时，在越西需 1 565.8 小时，在眉山需 1 999.5 小时。花椒因品种不同，所需光照时间有差异，光照时数不足、受光强度弱，会导致树体生长不好，枝条细弱，分枝少，花果稀，易落果。

四、地势

花椒喜欢背风向阳的坡地，地势影响温度、光照、风速、风向，从而直接影响花椒的生长发育。花椒多生长在山区和丘陵地区，地形变化复杂，花椒的长势也相差很大。以河南省洛阳地区为例，孟津县城关镇为深厚的黄土丘陵阳坡地，土层深厚，水肥条件好，花椒树生长快，枝叶茂盛，丰产、稳产；而宜阳县雅岭乡多为瘠薄的红黏土丘陵阳坡地，水肥条件较差，花椒栽植后生长慢，结果晚，产量低；洛阳高新技术产业开发区丰李镇马窑村为深厚的黄土梯田地，土壤肥沃，栽植花椒后 2~3 年进入结果期，10 年生单株鲜果产量 12~15 千克；在宜阳县盐镇乡范园村瘠薄的丘陵旱坡地，栽植的花椒树 3~4 年进入结果期，10 年生单株鲜果产量 3~4 千克。花椒栽植在

阳坡结实量高于阴坡，在背风向阳的坡地上，气温高，光照足，大风危害少，冻梢、冻花程度轻，产量稳定，花椒品质好。发展花椒产业要避开风口和迎风地带，这样的地方易遭受寒流和大风的侵袭；背光沟谷和洼地，光照不足，冷空气易聚集，形成辐射霜冻，早春霜冻危害严重，雨季积水易造成死树；平地发展要配置好防护林。总之，要注意选择有利地块，利用小气候条件好的地块。

我国北方地区，花椒多栽植在丘陵坡地或山地梯田上，在海拔800米以下地区生长发育和结果状况较好，在海拔超过1 000米的山地和高原上种植花椒易受冻害，产量和质量不能保证。丘陵和山地土层深浅不等，风雨侵蚀严重，植被也遭到不同程度的破坏，土壤结构和肥力都比较差，土壤比较干旱瘠薄，花椒在这样的土壤上仍能生长和结果。若种植其他种类果树，其经济效益没有种植花椒高。

五、土壤

花椒耐干旱和瘠薄。在我国北方广阔的丘陵和山地被广泛用于荒山造林，不仅有可观的经济效益，而且起到荒山绿化和保持水土的生态作用。花椒喜透气、肥沃的壤土。在结构坚实、贫瘠的土壤上生长不良，果穗短小、果粒稀疏，需施有机肥以提高肥力和改善土壤理化性质。花椒对土壤要求不严，除沼泽地、盐碱地外，其他土壤都可栽培。但以沙壤土、中壤土、轻黏土为好，尤其喜钙，在石灰岩山地生长较好。在沙土、黏土等不良土壤上栽植需采取不同的栽培技术，多施有机肥并增加灌水设施也可获得理想产量。花椒不耐涝，在黏重土地上需排水、多施有机肥。易积水的涝洼地、过黏重土地，土壤水分过多易发生根系腐烂，树体出现流胶、落叶，甚至死亡。

花椒对土壤的适应性较强，弱酸性、中性、弱碱性土壤均能生长，pH在5～8的土壤均可栽植，pH在7.0～7.5的生长和结果最好。四川平武、北川、金口河等海拔1 600～1 880米的石块、黄棕泥土地块，pH在5.2～6.4，栽植的花椒可正常生长发育；四川凉州、汉源等海拔1 700～2 200米厚层黄红泥土地块，pH为5.0～6.4，栽植的花椒均可正常结果；四川乐山、眉山、岷江东岸等海拔500米灰棕紫泥土地块，pH为8.5，栽植的花椒树生长良好，正常开花结果；陕西韩城、山西河津、甘肃平凉、河南渑池等花椒栽培区土壤pH均在7.0～7.6范围内，生长快，结果早，产量高。

花椒耐盐性较强，尤其耐土壤中的碳酸钙盐，土壤含盐量不宜超过0.3%，当土壤中含盐量超过0.4%会导致植株死亡。花椒喜有机肥，土壤有机质含量可明显提高花椒的抗逆性，增加结果量，应加大花椒园有机肥施用量。

六、风

花椒植株比较矮，抗风性很强，尤其落叶后对风的抵抗力更强，常作为防风林的灌木层配植。适宜的风量、风速有利空气流动，促进光合气体交换，增加产量，但花椒树花期大风、风沙影响开花结实。花椒萌芽期遇风沙、晚霜、寒流等易使幼芽和新梢受冻干枯，同时新叶易遭风撕裂，建园时应避开风口。

第四章

花椒苗木繁育

　　我国传统的花椒栽培多采用实生繁殖苗木，由于花椒为无融合生殖，后代具有稳定的遗传性，能很好地保持母体的优良性状。种子繁殖的苗木生长整齐、主根明显，栽植后生长势强，产量高。花椒种子数量大，价格低，实生播种育苗成本低，经济合算。花椒枝条皮刺多，锐尖刺手，嫁接操作不方便，嫁接苗成本较高。近年来花椒果皮价格攀升，种植花椒效益显著，优良品种的果实在市场上竞争力强，价格高、易出售。特别是无刺花椒选育成功，大大方便了采摘花椒果实，提高了花椒采摘速度，降低采摘成本，十分受群众欢迎。花椒产地和新栽植区开始接受嫁接苗建园，花椒嫁接繁殖逐渐应用于生产。花椒扦插繁殖应用较少，苗木扦插需要一定设施投资，管理成本高，扦插苗根系不及播种苗，仅在科学试验或特殊资源扩繁中应用。花椒还可以分株繁殖，因繁殖系数小，在生产中也很少应用。

第一节　苗圃地建立

一、苗圃地选择

　　幼苗期是花椒树生命周期中最幼嫩阶段，易受外界不利环境影响，因此，育苗时要尽量为苗木提供良好的环境条件。育苗前要仔细调查苗圃地的土壤、气候等立地因子，因地制宜。

　　1. 苗圃位置

　　苗圃地尽量设在苗木需求中心，这样既能减少长途运输过程中因苗木失水而导致苗木质量降低，又可借助苗木对育苗地自然生态条件的适应性，确保苗木栽植成活率高，生长发育健壮。苗圃地要求交通便利，靠近公路，便于运输苗木和生产物资。苗圃地应尽量靠近农业科研单位和大专院校，以便及时获得先进的技术指导，获取最新的品种信息和发展动态，并且有利于苗木信息传递和销售。还要注意苗圃地附近不能有排放大量煤烟、有毒气体及废料废渣的工厂，避免播种苗被污染而影响出土和生长。

2. 地形、地势及坡向

苗圃地宜选在背风向阳、排水良好、土层深厚、地势较为平坦的开阔地段。地块的坡度不宜过大，否则易造成水土流失，土壤肥力下降，而且不利于灌水。洼地也不宜作苗圃，雨季积水易导致苗木受淹死亡。

3. 土壤

土壤质地直接影响苗木繁殖的数量和质量。土壤质地一般以沙壤土、壤土为宜，这类土壤土层深厚、土质疏松、通气良好、有机质含量高、土壤微生物数量和种类多，对种子发芽和幼苗生长都十分有利，并且起苗容易，省时省工，容易保证根系完整。黏重的土壤，通气和排水差，不利于种子萌发和根系生长，苗子生长弱，规格小，病害严重。在黏土地上育苗，应进行土壤改良，多施有机土杂肥，才能使幼苗达到栽植规格。沙土地保水保肥力差，需不断灌水才能保住幼苗，过多的土壤水分和缺肥使幼苗生长发育受到抑制，另外，夏季高温时根系易受热害。

苗圃地要求土壤肥力中等，以确保苗木生长健壮、抗逆性强、质量高。肥力过高，易造成苗木徒长、旺长，枝条生长不充实，越冬时易受冻害，而且移栽到干旱地或瘠薄地时，缓苗期长、成活率低。

4. 排灌设施

苗圃地应具备良好的排灌设施，种子萌发和幼苗生长都需要土壤保持适当的水分，适时、适量地灌水才能培育出粗壮的苗木；花椒幼苗根系分布浅，灌水过多或排水不良，导致耐旱力降低，病害发生，尤其土壤水分过多可引起烂根死苗。

水浇地和旱地均能培育出健壮苗木，根据育苗地实际情况，扬长避短，合理利用。旱地培育的花椒苗根系发达、生长充实、适应性强、栽植成活率高，因此，在水源不足的地区，可以采用旱地播种育苗。旱地育苗一定要选择地势平坦、土层深厚、肥沃的壤土或沙壤土地。水浇地育苗出苗整齐、产苗量高、苗木生长势强、育苗有保障。水浇地育苗也应选择土壤深厚、比较肥沃的壤土或沙壤土，并设置排水设施。

选择苗圃地时还应注意，废弃的老果园和连续多年的育苗地不宜作苗圃，避免因苗木生长所需元素的缺乏和有害元素的积累，而降低苗木质量、发生病虫害。

二、苗圃地规划

长期固定的专业苗圃应包括母本园、繁殖区和轮作区三大部分，需提前做好主体部分和附属设施的规划。

1. 母本园

又称种子园。用于提供品种纯正、种子饱满的花椒优良品种母本。目前大

多数产地没有专门设置品种母本园，播种的种子多源于生产园，品种纯度和质量难以保证。正规育苗基地和长期育苗的大型苗圃一定要建立优良品种母本园，以保证生产的种子质量高，品种纯正，优良特性突出，苗木规格整齐。

2. 繁殖区

一般规划分为实生苗播种区和嫁接苗繁殖区。实生苗播种区是直接播种优良花椒品种，繁殖优良品种实生苗，用于生产栽植；嫁接繁殖区是用野生花椒种子，或某一抗逆性强的花椒种子，培育实生砧木，再嫁接所需要的花椒优良品种用于生产栽植。花椒生产绝大多数直接栽植实生优良品种苗，大多数苗圃仅规划了实生繁殖区。

3. 轮作区

花椒和其他树木一样，育苗和栽植都忌重茬，重茬后易得"再植病"，此病对苗木生长发育有显著的抑制作用，尤其是连续多年的育苗地和老果园地，积累了大量的毒素和杂菌、线虫，抑制苗木根系呼吸，根部感染病菌，造成幼苗生长衰弱，甚至成片死亡。设立苗圃地轮作区，实行育苗与农作物轮作制，避免苗木生长感染病虫和缺素症。

三、苗圃地整理

育苗地要做好提前准备工作。对不整齐或坡度过大的地块，应用机械挖掘，推平整理，然后进行深翻、细耙，播种前再中耕、细耙一次，以蓄水保墒。结合秋季或播种前的深翻和中耕，每公顷施 30 吨腐熟有机肥，混匀。然后耙平，做畦。畦宽 1 米、长 10～20 米，埂高 10～15 厘米、宽 20 厘米，确保灌水均匀，提高出苗率和苗木生长整齐度。土壤中若存在大量杂草种子，根系残留及线虫，各种真菌、细菌等残留物，可造成苗圃地杂草蔓延、苗木染病，影响幼苗生长发育。在育苗前要对土壤进行消毒和杀虫，常用方法有高温消毒杀虫和药剂消毒杀虫。高温消毒是在苗圃地表面焚烧秸秆等杂物，通过对土壤表层加热而达到杀灭杂草、病菌、害虫（卵）的目的。药剂处理是利用一定浓度杀菌剂或杀虫剂喷洒或撒毒土的方法处理苗圃土壤，并用塑料薄膜密封，从而进行土壤消毒。常用 3% 的硫酸亚铁溶液喷洒（4.5 千克/米^2），或用 2% 的硫酸亚铁溶液直接浇灌（9 千克/米^2），也可用 50 毫升的福尔马林加 120～240 倍水喷洒，防治立枯病和其他土壤病害，也可以用 6 克 70% 五氯硝基苯拌 5～10 克辛硫磷并拌适量细土均匀撒在苗床上，可防治立枯病和地下害虫。

第二节　种子繁殖

花椒为无融合生殖，种子繁殖的苗木变异小，优良性状遗传稳定，种子繁殖是花椒育苗的主要方式。一般从采种开始，到培育出生长健壮、符合栽植标准的实生苗为止。

一、种子采集

1. 采种母树选择

繁殖花椒实生苗时，应在采种母本园或优良品种园中选择生长健壮、丰产、稳产、无明显病虫害的健壮植株作采种母树。采种还应选盛果期树（10～15年树龄），其生产的种子饱满、品质好、遗传性状稳定，幼龄树的性状还未稳定，若用其种子育苗，变异性大，老弱树病虫多、种子质量差。实践证明，从健壮母株获得的种子，种仁充实而饱满，后代发育良好，适应性强，抗逆性强。

2. 种子采集

优良种子要求外观饱满、大小均匀、黑色光亮、无霉变、种仁乳白色、不透明、新鲜。采摘时应选择穗大、果粒紧密、整齐一致、发育良好且无病虫害的果穗。果实变成紫红色或鲜红色，内部种子呈蓝黑色，且少量种皮开始开裂，表明种子已充分成熟，可进行采摘。采收过早，种子成熟度差，萌芽率低，苗木生长势弱，萌芽破土能力差。采收过迟，果实的果皮开裂，种子落地难以收集。

种子质量因品种、树体结实量、管理水平和当年气候等差异很大。通常情况下早熟品种的种子生长发育期短，不如中熟或晚熟品种的饱满；结果量过大的植株因营养供应不足不如结果量小的种子饱满；管理差、缺乏肥水、生长势弱的植株，结出的种子饱满度差；当年4—6月降水少，或6—8月阴雨天多，光照差，结出的种子质量劣；4—6月降水丰沛、6—8月光照好，结出的种子品质优。

采摘后花椒要在晴天上午露水干后进行晾晒，采收后摊晾在通风干燥的地方，切不可在太阳下曝晒，因为太阳强烈的紫外线和高温容易杀死种胚，使种子失去生命力。当果皮开裂，种子脱出时，除去果皮、杂质，清理出种子，将饱满的种子摊于通风干燥的室内阴干。或者选择通风干燥的地方，将花椒薄薄地摊放一层，每天翻动3～5次，等果皮开裂后，轻轻用木棍敲击，收取种子，并继续阴干。种子阴干后收集装袋，以备播种。

二、种子生活力测定

通过种子生活力测定来准确判断种子质量。种子生活力测定有多种方法，一般采用直观种仁判别、发芽试验、染色法判断等方法。直观种仁判别是将种子用锋利的小刀切开，用肉眼观察，种仁乳白色、呈油浸状的为发芽力强的种

子，种仁呈乳黄色，说明种子受热变质，已失去了发芽能力。发芽试验是将种子外壳蜡质去除，用温水浸种后置于25℃的环境下，经20天左右的时间，观察种子发芽情况。染色法是将种子外壳脱蜡，用温水泡胀，待其充分吸水后，剥去种壳，放入5％的红（蓝）墨水或5％靛蓝胭脂红溶液中，染色2～4小时后，取出种仁，用清水冲洗后进行观察统计。种胚和子叶全部着色，或仅种胚着色，表明种子无生活力，已无发芽能力；种胚或子叶部分着色，表明种子已部分失去生活力，萌芽力降低；种胚和子叶没有染色，表明生活力好，可正常萌芽。染色法测定种子生活力更为直观、简便、迅速、准确。

如果发现种子已完全无生活力，必须重新准备种子，以免影响次年的育苗工作。如有部分种子丧失生活力，需统计优良种子所占比例，作为调整播种量或预测育苗量的参考。

三、种子贮藏

花椒种子采收后，其种胚在形态上和生理上已经完成发育，不需要后熟过程和休眠期处理，可直接播种。秋季没有播种的种子需要贮藏至冬季或春季待用，短时期储存时，可将种子存放在温、湿度均较低且通风的环境中，不可曝晒或雨淋；如需长时间贮藏，应存放于干燥密闭的环境内，贮藏期间要定期检查，发现霉烂及时处理，并注意防止鼠害和虫害。

四、选种与种子处理

花椒种子生活力受栽培管理和当年气候变化的影响，花椒园肥水充足、修剪合理、产量适中、无病虫危害，仅有20％的秕种，种子发芽率在80％左右；一般管理条件下约有50％的秕种，发芽率50％左右；生长管理较差的花椒种子秕种在70％以上，种子发芽率在25％左右。播种前需要选种，以便精量播种。

1. 选种

花椒选种多用水选法，将种子倒入盛有清水的水缸或盆中，充分搅拌，将漂浮的秕种和杂物捞出，下沉的为饱满优质种子，用于播种育苗。

2. 种子处理

花椒种子外壳坚硬，种子被有较厚的油蜡，不容易吸水，播种出苗困难，所以播种前需对种子进行脱脂处理。方法有以下几种。

（1）化学剂脱脂，一般用碱性的化学试剂，如0.5％～1.0％烧碱（氢氧化钠）溶液，或1％～2％小苏打溶液，倒入盛有种子的盆、缸内，以淹没种子为宜，浸泡一昼夜，用竹刷搅动或戴上橡胶手套将种子油脂搓掉。直到种子油蜡层脱去，种子变得不再光亮为止，用清水冲洗2～3次，将种子捞出沥净水，混以草木灰和细沙土就可以播种了。

（2）洗涤剂脱脂，用 1% 的洗衣粉或洗洁精等洗涤剂水溶液，浸泡种子 1～2 天，用手反复搓洗种皮，种子油蜡层脱去后，种子变得不再光亮，用清水冲洗 2～3 次，将种子捞出沥净水，混以草木灰和细河土就可以播种了。

（3）温水法脱脂，将种子倒入 2 份开水与 1 份凉水混合的温水中搅拌后自然冷却，浸泡 2～3 天，每天换 1 次净温水，水温 35℃ 左右，捞出种子早晚用 35℃ 混水冲洗种子，待种子开裂露出白芽后及时下地播种；也可以用沸水烫种脱脂，将种子盛入竹篮或竹筐中，在沸水中浸种不超过 30 秒，立即倒入冷水中浸泡 2～3 天，此后操作同温水法，也可达到同样的效果。

（4）牛粪脱脂，在潮湿的牛粪内掺入 1/4 的细土搅匀后，将种子拌入，搅拌均匀，挖约 80 厘米深的土坑，长、宽依种子量而定，先在坑中央竖立一束草把，坑底铺 5～10 厘米厚的粪土，再将拌好的种子倒入坑内，至与地面齐平为止，再在种子上面盖草，封土成垄状，防止雨、雪、污水流进坑内。春播前进行催芽处理，种子开裂露白后，可下地播种。

没有牛粪的地方，也可以用湿沙代替牛粪土，种子与湿沙按 1：3 的比例拌匀，其余操作同牛粪法。

五、播种量与播种方法

1. 播种量

花椒育苗播种量与种子质量、单位面积留苗量相关。经精选后品质优良的种子发芽率在 80% 左右，每亩*播种量在 6.0～7.5 千克即可，可出苗 30 000 多株，质量稍次的种子可以此播种量为基数折算后增加播种量。在花椒主产区，因种子量大、价格低，育苗户经简单选种后每亩播种量在 20～40 千克，秋季播种量稍大些，多在 40 千克/亩左右；春季播种量为 20～30 千克/亩。近些年，花椒未经选种的毛种子每亩播种量达 150 千克，产苗量超过 30 000 株，苗子高但细弱，栽植缓苗期长，成活率低。因此，播种前一定要精选种子，测定种子生活力，精量播种，培育优质壮苗。播种量可按以下公式求得：

播种量（千克/亩）＝（计划出苗数/发芽率）×（每千克种子粒数/种子纯度）×120%

因地下害虫、病菌等危害，实际播种量还应增加 20% 的种子损耗。

2. 播种时期

播种时期因各地气候条件和育苗实际情况而异，一般以春播或秋播为宜。秋播在 10 月上中旬至土壤封冻前进行，以秋末冬初播种最为适宜。秋播后，

---

* 亩为非法定计量单位，1 亩≈666.667 米²。——编者注

种子在土壤中越冬，既起到催芽作用，又免除了种子越冬的贮藏工序。一般秋播比春播早出苗 10～15 天，而且出苗整齐。在育苗面积大、春旱频繁的地区采取秋播效果好，鸟兽为害严重的地区不宜采用秋播育苗方式。春播在春分前后，即在土壤解冻后的 3 月中下旬至 4 月上旬进行。播种前要先进行灌溉，再进行播种，然后覆盖地膜，确保土壤墒情以利出苗。

3. 播种方法

（1）条播，在整好的畦内开沟，行距 25～30 厘米，沟深 5～8 厘米，沟底要平整，将种子均匀撒在沟内，盖细土 3 厘米左右。春季播种盖土 1～3 厘米，并盖秸草或地膜保持苗床湿润，出苗后再揭去；秋季播种盖土 3～5 厘米，干旱地区播种后轻轻镇压，利于保墒出苗。

（2）撒播，在整好的播种畦内，把种子均匀地撒在畦面上，然后覆盖细土。撒播用种量适当增加，适用于春季雨水比较多的地区。

（3）耧播，播种面积大，为提高工效，可以用机械耧播。用播种耧直接将种子播于土中，播种时要注意深度。也可以在机械耧开沟后，人工将种子撒入沟内，行距 25 厘米，覆土 3 厘米上下。

播种后至出苗前不能浇水，以免土壤板结导致幼苗难以破土出苗。遇干旱年份，土壤缺水，种子难以萌芽，可用小水量浇灌，然后覆盖 8～10 厘米厚的秸草，待幼苗出土后揭去；也可以先覆盖一层 10～15 厘米的秸草，然后洒水渗入土壤增加墒情，促使种子萌芽出苗。1991 年，河南省渑池县张村乡吕家庙村李成林播种花椒种子育苗，因干旱缺墒，种子不能破土出苗，采取在播种沟条上面覆盖碎秸秆，把水浇在秸秆上的方式，既防止土壤板结，又保水保墒，幼苗出土后，将秸秆及时清除，解决了花椒播种遇干旱不出苗的难题。

六、苗期管理

1. 间苗、定苗

当苗高在 4～5 厘米，有 3～4 片真叶时，结合除草进行间苗。每隔 3～5 厘米留 1 株苗，间除的苗可以补栽到缺苗的地方，栽植后及时浇水。幼苗长到 10 厘米时进行定苗，每隔 10 厘米左右留 1 株苗，剔除多余的苗，每亩留苗 25 000～30 000 株。在不能灌水的旱地苗圃，留苗可稀疏一些，每隔 15～20 厘米留 1 株苗，可提高苗木规格和质量。

2. 施肥灌水

北方大部分地区春季风大干旱，需及时灌水，一般每隔 20 天左右需灌水 1 次。每次灌水需注意切忌积水，随后中耕松土或中耕除草。进入雨季后应停止灌水，降雨后及时查看，排出积水，控制新梢旺长，使枝条充实健壮。苗高大于 15 厘米时，第一次追施尿素，每亩施 5 千克；苗高大于 30 厘米时，第二次施尿素，每亩施 8 千克；苗高 50 厘米时，第三次施肥，每亩施尿素 10 千克；8 月下旬，施磷、钾复合肥，每亩施 15 千克，施肥可结合灌水进行，也可在雨后进行。

3. 病虫防治

花椒种子及幼苗易遭蛴螬、蝼蛄、地老虎、花椒跳甲、蚜虫、红蜘蛛、刺蛾等害虫危害，每亩施 5% 辛硫磷颗粒剂 2.0～2.5 千克即可杀灭地下害虫，用 80% 敌敌畏乳剂 1 000 倍液或 50% 敌百虫 1 000 倍液喷洒幼苗防治地上害虫。

第三节　嫁接苗繁育

采用嫁接繁殖育苗能很好地保持花椒母体的优良性状，提早结果，提高产量，改善品质，提高花椒采摘效率。

一、选择适宜的砧木

花椒种类较多，选择砧木种类时，要根据各自特点，结合当地自然条件、资源状况、技术及经济条件，灵活掌握，遵循因地制宜原则，科学合理地选择利用。

花椒嫁接育苗应用时间不长，应用的规模也比较小，有关花椒嫁接砧木的研究报道也很少，在此根据生产中应用和个人实践经验，介绍几种砧木，供选择参考。

（1）枸椒，资源丰富，种子易采集或购买，与花椒嫁接亲和性强，树势健壮，根系发达，不易受蛀干性害虫危害，寿命长。

（2）花椒，资源丰富，种子容易获得，生长旺盛，嫁接亲和性好，产量高，品质优。北方地区应用最多的砧木种类。

（3）竹叶椒，资源丰富，种子易购买，与花椒等嫁接亲和性好，根系发达，抗逆性强，适于南方应用。

花椒砧木不同嫁接亲和性有一定的差异，朱晓慧等（2015）试用韩城大红袍、凤县大红袍、枸椒和武都大红袍作砧木，嫁接无刺椒，平均成活率依次为 81.10%、67.80%、61.01% 和 51.10%，说明韩城大红袍和无刺椒嫁接亲和性最好，武都大红袍和无刺椒嫁接亲和性最差。分别用嵌芽接、切接、舌接，嫁接成活率分别为 67.80%、33.30%、21.10%，说明嫁接方法不同，成活率差别很大。在实际操作中，嫁接成活率受多种因素制约。除砧穗亲和性外，砧木、接穗的鲜活度和质量也决定嫁接成活率的高低，砧木和接穗鲜活度高，生长充实，发育良好，嫁接成活率就高。成活率还与嫁接人员的技术操作有关，

技术熟练的嫁接工在适宜的嫁接时期，无论用哪种方法成活率都比较高。嫁接之前对接穗处理也可提高嫁接成活率，安晓龙（2014）用 800～1 200 毫克/升的 α-萘乙酸溶液浸蘸接穗削面，提高成活率 24.50％～26.70％；春季接穗封蜡，可有效保持接穗水分，显著提高嫁接成活率。

花椒嫁接苗干性增强，嫁接树主干明显，而实生树多为无主干丛枝状树形。嫁接苗栽植较实生苗提早 1～2 年进入结果期，嫁接树较同龄实生树明显矮化，管理、采收更加方便。嫁接的花椒树结果枝皮刺明显变小、变少，方便果实采收。花椒树嫁接后，树冠生长量明显增加，结果母枝长度明显增长，结果母枝越长，着生的果穗越多，单株产量越高。花椒树结果枝比例随树龄增长而提高，嫁接树的结果枝比例明显高于实生树。嫁接树果穗长度随树龄增加而加长，进入丰产期前，嫁接树的果穗长度与实生树差别不显著；进入丰产期后，嫁接树的果穗长度显著大于实生树，果穗长度越大，结果数量越多。嫁接树进入丰产期前，果实百粒重明显高于实生树；进入丰产期后，两者百粒重差距逐渐缩小。结果期的嫁接树单株结果量是实生树的 2 倍以上，丰产期嫁接树与实生树均大量结果，产量差别幅度缩小，但嫁接树的产量始终显著高于实生树。嫁接树还表现出较强的抗病虫害和抗逆境能力，显著提高了花椒的质量和经济效益。因此，花椒嫁接育苗是今后发展趋势，也是未来建园的主栽苗木。

二、砧木苗培育

1. 砧木苗培育

花椒砧木种子采收时需选择丰产、健壮的成龄母树，并在果实完全成熟时采收，保证较高的出苗率。播种前需处理种子，处理种子的方法与实生播种相同，播种前先整地作畦，浇足底水，施足底肥，做好畦后，可按花椒实生育苗播种方法操作，株行距较大，一般行距为 40 厘米，株距为 15 厘米左右，以方便嫁接人员操作为宜。

2. 砧木苗的管理

砧木苗的田间管理，是争取早嫁接、早出圃及生产优质苗木的重要环节。苗高 10 厘米时，对缺苗处及时移栽补植，或用经催芽的种子补种，注意浇水、中耕除草，每亩保留基本苗 8 000～10 000 株。苗木进入生长旺期加强施肥灌水，每 20 天施 1 次肥，前期以氮肥为主，后期以磷、钾肥为主，结合施肥及时浇水。嫁接前 1 周将砧木 15 厘米以下复叶摘除，利于嫁接操作。当砧木距地面 15～20 厘米，粗度达到 0.6 厘米时，即可进行当年嫁接。

三、嫁接方法

花椒嫁接方法分为枝接和芽接两种。1～2 年生苗，基部直径在 0.6 厘米以上的砧木苗可进行芽接，芽接主要采用丁字形、方块形和带木质芽接法，成活率高，节省接芽。因花椒枝条多有皮刺，芽接操作不方便，在生产中应用不多。枝接多在春季进行，以叶芽萌动前后为宜，枝接主要有劈接、切接、腹接等方法，成活率高，嫁接操作方便，生长量大，特别是应用接穗封蜡措施后，可显著提高枝接成活率。

1. 芽接

（1）丁字形芽接，嫁接时间在8月上旬至9月上旬，以8月上中旬为宜。具体操作：在1～2年生砧木基部距地面8～15厘米光滑处，横切一刀，深达木质部，再从横切口的中央处向下纵切一刀，长度2～3厘米，使切口呈"T"形。然后用芽接刀柄将切口剥开，左手拿接穗，选一饱满芽，在芽上方横切一刀，再在芽下方2厘米处向上平削一刀，深至接穗粗度1/3，将芽片从接穗上取下，贴入"T"形接口内，用塑料绑条捆扎，捆扎时露出芽眼，以利萌发（图4-1）。

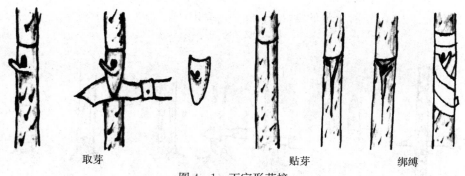

取芽　　　　　　　　　　　贴芽　　　　　绑缚

图4-1　丁字形芽接

（2）方块形芽接，嫁接时间同丁字形芽接。具体操作：用方块芽接刀先在砧木基部切一长方形树皮块，将树皮块取下，再用方块芽接刀在接穗上切取一长方形带接芽的皮块，接芽应在方块正中央，取下后立即贴在砧木的方块口内，用塑料条捆扎，捆扎时露出芽眼，以利萌发（图4-2）。

（3）带木质芽接，嫁接时间可在春季花椒叶芽萌动前后，也可以与丁字形芽接相同。具体操作：从接芽上方1厘米处，向下斜切一刀，削取接芽，刀口长约2厘米，再在芽下方约0.6厘米处横着向下斜切一刀，直到第一刀口底部，然后将接芽取出，在砧木基部切削同样的切口，将接芽放入砧木的切口内，使形成层对齐，用塑料条自下而上绑紧（图4-3）。

芽接前2～3天，苗圃地灌1次水，使砧木充分吸水，皮层离皮，提高芽接速度和成活率。接穗要选取自生长健壮、优质丰产的母本树上一年生外围枝条，且叶芽饱满、无病虫危害。接穗剪取后立即剪除叶片，并注意保湿。芽接

的速度要快，芽接刀要锋利，切口平滑。带木质芽接时，砧木与接芽至少有一侧形成层对齐。塑料条捆扎要紧，防止雨水进入，影响伤口愈合。接芽15~20天即可检查是否成活，适时解绑，以免后期塑料条勒入树皮内。

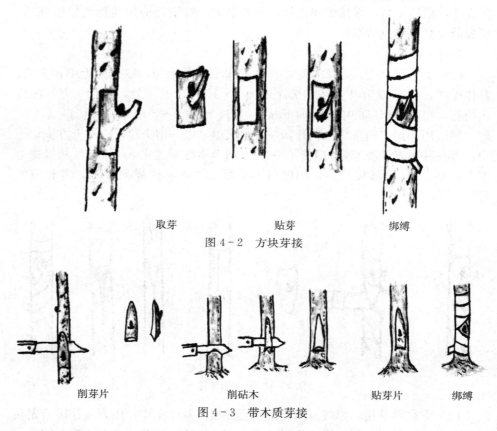

取芽　　　　　　　贴芽　　　　　　　绑缚

图4-2　方块芽接

削芽片　　　　　削砧木　　　　　贴芽片　　　绑缚

图4-3　带木质芽接

2. 枝接

（1）劈接，在离地4~5厘米处剪断砧木，然后在砧木中间劈开一接口。接穗下部相对各削一刀，形成楔形，伤口长达3厘米，削面要长而平，角度合适，将削好的接穗插入砧木的劈口里，使接口处砧木与接穗上下接合紧密，至少一侧形成层对齐，接穗要有0.5厘米左右露白，用塑料条捆扎严实（图4-4）。

（2）切接，在离地5厘米处剪断砧木，然后用力垂直切一切口，切口的宽度大致和接穗相等。切口偏向一侧，长度3~4厘米，再在接穗下端削一个3~4厘米的大削面，再在背面削一个长1~2厘米的小斜面。把接穗插入砧木切口中，大切面向里，形成层对齐。用塑料条将接口全部包扎严实（图4-5）。

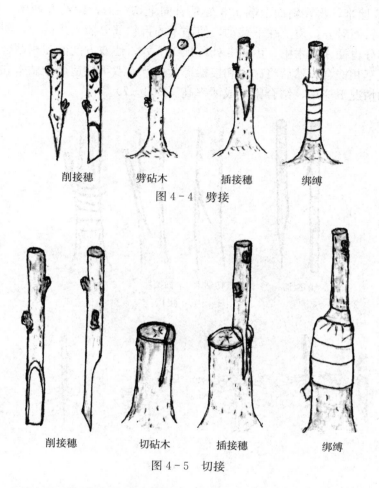

削接穗　　　　劈砧木　　　　插接穗　　　　绑缚

图4-4　劈接

削接穗　　　　切砧木　　　　插接穗　　　　绑缚

图4-5　切接

（3）腹接，分单芽腹接和双芽腹接，单芽腹接为接穗上仅留1个芽，双芽腹接为接穗上保留2个芽。具体操作：在接穗有顶芽的一侧下端削一长斜面，在长斜面的对面削一稍短的斜面，并使斜面两侧的棱（接穗两切面之间的部分，即接穗切削的侧面）一侧稍薄，一侧稍厚。砧木距地面4～5厘米剪断，在剪口下方用刀切30度的斜口，刀刃切入的一边应稍长，刀刃退出的一边应稍短，切口长4厘米，深度为砧木直径的1/3～2/5。嫁接时用手轻轻推开砧木，使切口张开，然后将接穗插入。插入时接穗的长斜面向里，紧贴砧木木质部，并使接穗长斜面和砧木切口长的一侧皮层形成层对齐，用塑料条捆紧扎严（图4-6）。

（4）双舌接，先将砧木剪断，而后用刀削一个马耳形斜面，斜面长5～6厘米。在斜面上端1/3处，垂直向下切一刀，深约2厘米。先蜡封住接穗，然后在接穗上部留1～2个饱满芽，在下端削一个和砧木相同的马耳形斜面，斜面长

49

也为 5～6 厘米，再在斜面上端 1/3 处垂直向上切一刀，深约 2 厘米。将接穗和砧木的斜面对齐，由上往下移动，使砧木的舌状部分插入接穗中，同时接穗的舌状部分也插入砧木中，由 1/3 处移到 1/2 处，使双方削面互相贴合，而双方的小舌互相嵌合，然后将砧木和接穗绑紧包严。双舌接适用于砧木和接穗粗度一致的情况下应用，结合紧，成活率高（图 4-7）。

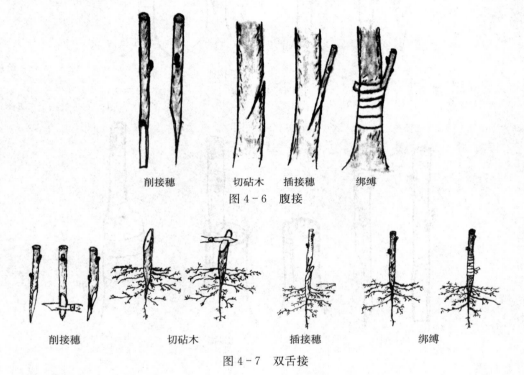

削接穗　　　　切砧木　　插接穗　　绑缚

图 4-6　腹接

削接穗　　　　切砧木　　　　　插接穗　　　　　　绑缚

图 4-7　双舌接

枝接接穗应采集优良母树外围一年生壮枝，芽体饱满，生长充实。嫁接前枝条封蜡，减少失水，提高接穗成活率。

四、嫁接苗管理

1. 检查成活及补接

嫁接后 15～20 天进行检查，如接芽或接穗颜色新鲜饱满，已开始愈合或芽已萌动，证明嫁接成活。如失绿变黑，或失水枯萎，说明没有嫁接成活，应及时补接。

2. 嫁接苗剪砧

当年夏末或早秋嫁接的芽苗（当年嫁接成活而接芽未萌发的半成苗或芽苗），在次年春季土壤解冻时应及时剪砧，促进接芽萌发。剪砧的部位在接芽上方 1 厘米处，剪口要平滑，并稍微向接芽对面倾斜，不可留太长，也不要向接芽一方倾斜，以免影响接口愈合。越冬后未成活的，在春季进行补接。

3. 除萌及立支柱

剪砧后，砧木芽会大量萌发，要及时抹除，以免消耗水分和养分，影响接芽生长。

枝接苗在风大的地区要立支柱，以免风折。嫁接成活的苗木，剪砧后接芽迅速生长，由于接口在短时间内愈合不牢固，容易被风吹折断，因此，在苗木长到 20 厘米左右时，可用一小木棍插在苗木旁，用细绳轻轻绑缚。

4. 肥水管理

苗木进入生长期要及时浇水施肥，促进苗木生长。土壤水分不足时及时灌水，灌水后要中耕松土或中耕除草，雨季要及时排除积水，苗木入冬前灌封冻水，一般年份灌水 3～4 次。苗木生长前期以施氮肥为主，生长后期以施磷钾肥为主，每亩每次施肥量 10 千克左右，施肥 3～4 次。

5. 病虫草害防治

接芽萌发后易受金龟子、蚜虫、卷叶蛾等害虫危害，可喷洒 10％吡虫啉 1 500 倍液，或 5％啶虫脒 1 500 倍液，或菊酯类农药 1 500～2 500 倍液进行防治。早春和生长前期结合灌水及时中耕除草，后期苗木郁闭，杂草较少，整个生长季除草 3～5 次。

第四节　苗木出圃

苗木出圃是育苗工作最后的环节，出圃苗木质量与栽植成活率以及栽植生长状况有直接关系。出圃前先做好充分准备，对圃内苗木进行调查，核对苗木种类、品种、数量，准备包装材料和运输工具，确定临时假植或越冬的场所等等。如果这项工作不到位，会使先前一系列育苗工作前功尽弃，所以必须做好苗木出圃的组织管理工作，保证出圃苗木质量。

一、起苗与分级

1. 起苗

起苗时期一般分秋季和春季。秋季起苗时间要求在新梢基本停止生长并已木质化，顶芽初步形成至开始落叶时进行。秋季起苗可结合苗圃秋耕作业，有利于改善土壤、消灭病虫害。春季在土壤解冻后，苗木发芽前起苗。起苗前的准备：对圃地苗木挂牌，标明品种等信息，准备好起苗工具、运输车辆等等。起苗深度要根据根系的深度，宜深不宜浅，尽量减少根系损伤，保证根系完整，若根系伤害重，苗木带根少，易导致栽后成活率低或生长势弱。在土壤干

旱的季节，圃地土壤坚硬，起苗比较困难，最好在起苗前 4～5 天灌透水，使苗木充分吸水，待土壤稍疏松、干爽后起苗，这样即省力又可减少根系损伤。起苗时特别注意不伤大根，切忌生拉硬拽。

2. 分级

苗木要及时分级。优质苗木要求品种纯正、规格一致，地上部枝干健壮充实，具有一定高度和粗度，芽饱满、根系发达、断根少，无冻害风干、病虫危害和机械损伤。嫁接苗要求接口结合牢固，愈合良好，接口上下的苗茎粗度要一致。因不同地区花椒苗木分级标准不同，导致各项指标也有一定的差别。高纬度地区年均温度低、降水量少，年生长期短，因此对苗木高度、地径粗度、根系数量和长度等要求偏低；低纬度地区年均温度高、降水丰沛、年生长期长，苗木生长量大，因此规定的苗木高度、地径粗度、根系数量和长度等数值偏高。各地区应根据当地自然生态条件、气候和土壤类型等划分苗木等级，建园时选择相应的等级苗栽植。在此列举河南省花椒苗木分级标准，供参考（表 4-1）。

表 4-1　花椒苗木分级标准

分级	苗龄（年）	苗高（cm）	基径（cm）	根系保留长度（cm）
I	1～2	>70	>0.7	>20
II	1～2	50～70	0.5～0.7	15～20

资粒来源：河南省地方标准 DB41/T 425—2019。

二、苗木假植

苗木出土后应将其置于阴凉处，及时覆土埋根，防止根系曝晒，进行临时保存。花椒的毛细根丰富，起苗易失水风干，严重影响花椒的栽植成活率。起苗后，将花椒苗运至建园地栽植或运往假植点贮藏。为方便苗木销售，在秋季起苗后应进行假植越冬。

假植方法应因地制宜，北方寒冷地区需全株埋土进行越冬假植。假植地点应选择背风、干燥、平坦的地块，风大地区要设置防风障。先挖假植沟，沟宽 50 厘米左右，深度 60～80 厘米，长度依苗木数量而定。将苗木上的叶片打掉，以免发霉。沟底先铺一层 10 厘米厚的湿沙和沙土，依次将苗木梢部向南倾斜地放入假植坑内封湿沙或沙土。覆沙或覆土埋植要分层踏实，确保根系与沙或土紧密接触。覆盖的厚度一般为苗高的 2/3，风大寒冷地区苗木则全部埋入沙中或土中，以免梢部干枯。假植前应在坑内浇水，待水渗完后进行植苗，在寒冷地区假植沟内一般不浇水，以防湿度过大引起假植期间烂根。每个品种要挂置标签，品种与品种之间要隔开距离，以防混杂，最后要绘制苗木假植平面图。苗木假植后要经常检查，防止苗木风干、霉烂及遭受鼠、兔类危害。

三、检疫与消毒

苗木检疫是通过植物检疫、检验等一系列措施，防止各类危害性病虫、杂草等隐患随苗木的转移而传播蔓延。苗木在省际调运或与国外交换时必须经过检疫，对检疫不合格的苗木，应禁止调运，并对苗木彻底消毒。

在苗木包装运输前要先进行消毒。消毒方法一般用喷洒、浸苗和熏蒸等方法。喷洒的消毒药剂多用 3～5 波美度石硫合剂或 30％机油石硫（又名果园清园剂）300 倍液。浸苗可用等量或 100 倍波尔多液或 3～5 波美度石硫合剂，或 600 倍 30％机油石硫浸泡 10～20 分钟。熏蒸多采用氰酸蒸气，每 1 000 米^{3}可用 300 克氰酸钾、450 克硫酸、900 毫升水的混合液熏蒸 1 小时。熏蒸时先关闭好门窗，将硫酸倒入水中，然后将氰酸钾放入。1 小时后将门窗打开，氰气散完后，方可入室取苗。由于氰气毒性大，处理时要注意人员安全。消毒后的苗木都必须用清水冲洗。

四、包装与运输

在苗木运输过程中，若直接暴露会造成苗木失水，根系干枯死亡，质量下降，甚至死亡。因此，在运输中应尽量减少水分流失和蒸发，确保苗木成活。

就近栽植建园的苗木可随起苗随栽植，远处栽植的苗木应在起苗后，经检疫消毒后，立即包装运输。包装材料应就地取材，以价廉、质轻、柔韧，并能吸足水分保持湿度而又不致迅速霉烂、发热、破损的包装材料为好，如草帘、蒲包、草袋等等。缺乏包装材料的地区也用编织袋、麻袋、塑料袋等作包装物。为保持根系湿润，防止干枯，包装袋内还应填充苔藓、木屑、稻壳、碎草等湿润材料。包装时，每 20～100 株苗木捆成一捆。捆扎时先用绳子捆住苗木根部，再在苗木中部捆扎一道，将捆好的苗木放入包装袋中，根部填以稻草等填充物。然后挂上标签，在标签上标明品种、数量、规格、产地等信息。运输距离近、时间短的，也可以将苗木根系蘸泥浆，直接装车运输。不能马上运走的苗木要尽快假植贮藏。

运输装车不宜过高，以免苗木压得太紧，损伤枝梢和根系。苗木装完后用绳子与车体捆紧，绳子与苗木接触部位要用蒲包等垫衬，以防损伤树皮。运输车辆的底部厢板要求铺垫草袋、蒲包等柔软物，避免擦伤树皮、碰坏树根。最后要用帆篷布把苗木包严，防止风吹日晒和昼夜热冷而造成苗木失水或冻伤。外运苗木必须取得当地植物检疫部门的检疫证书后，方可上路。

苗木运输过程中道路情况复杂，运输途中押运人员要和司机配合，尽量保证车辆运行平稳，速度要快，缩短运输时间。短途运输过程中中途不宜停车休

息，直接运至定植地。长途运苗应经常给苗木根部洒水，中途休息应将车停在有遮荫的场所，遇到绑绳松散、篷布不严等情况应及时处置。

无论是长距离还是短距离运输，都要勤查包装袋内的湿度和温度。如发现温度过高，将包口打开，适当通风，并替换湿润填充物，以免热量累积；如发现湿度不够，要适当加水。运输苗木过程中尽量缩短运输时间，至达目的地立即卸苗栽植或假植。

第五章
花椒建园

第一节　园地选择

我国花椒栽培区多为丘陵山地，交通条件落后，信息闭塞，土地瘠薄、干旱等问题比较突出。花椒适应性强，喜光，根系比较发达，耐旱不耐涝，较耐寒，耐瘠薄土壤，适宜在我国西北、华北、西南等地区的旱地栽培。

花椒建园要选择适宜栽培区域，分析不同地区土壤、温度、水分、光照、灾害气象因子等条件对花椒树生长结实的影响。

一、适宜栽培区域

花椒在我国分布范围很广，不同类型和品种间生长条件差异很大，因此，其适栽区域也有所不同。以秦岭为界可分为"南椒"和"北椒"，"南椒"耐湿润气候较强，"北椒"耐干旱气候较强。北方花椒适栽区域要求的绝对低温范围在$-25 \sim -21$℃；海拔高度≤2 500米；全年降水量≥400毫米；全年≥5℃积温1 800～2 200℃。建园时要选择当地的优良品种。如陕西韩城花椒栽培区，大红袍品种耐$-25 \sim -18$℃低温，海拔高度≤1 000米，年平均温度10～14℃，年降水量500毫米左右。甘肃临夏花椒栽培区，大红袍品种耐$-23 \sim -21$℃低温，海拔高度≤1 900米，全年≥5℃积温≥1 800℃。在生长季雨水过多的南方地区，或北方冬季严寒地区，不适宜栽培花椒。

二、土壤

花椒对土壤要求不严，土层厚度超过30厘米即可生长结实。从高产优质的栽培角度考虑，以土层超过80厘米深厚的壤土或沙壤土最好。土壤pH最适范围为7.0～7.5，尤其在石灰岩山地土壤上建园最为理想。在土层较薄的重黏土、沙土或过盐碱的土壤上不宜栽植。

平地建园时，不可选择地下水位高、土壤黏重、排水不良的地块栽植。在山地建园应修筑梯田、鱼鳞坑、水簸箕、隔坡水平沟、客土等方法进行栽植，

 优质丰产栽培技术

同时加大有机肥施用量，改善土壤理化性质、提高土壤肥力。

在连作的苗圃地、废弃的老果园地、重茬的花椒园等栽植，首先要进行土壤消毒，或连续种植几年农作物进行改良，否则不可建园。

三、温度

花椒树较耐寒，年平均温度在 8～16℃都可栽培，适宜的温度 10～14℃生长良好，过冷或过热均影响生长发育和开花结实。因此，选择适宜温度区域栽培花椒才能获取优质高产。花椒树的整个生育期主要包括发芽抽梢期、开花坐果期、果实膨大生长期、果实着色期、果实成熟采收期和越冬期，花椒的产量和品质与各个时期的气候条件密切相关，气温是影响花椒生长发育和品质形成的重要气候因子。据朱拥军等（2009）对甘肃省秦安县 10 年气象资料和花椒生长结果研究表明，大红袍应选年平均气温在 10～14℃、最低气温高于－25℃、萌芽期气温 8～9℃、抽枝气温 12.0～13.6℃、开花气温 14.5～15.8℃、坐果气温 17.6～18.8℃、果实膨大期气温 20.8～21.7℃、着色期气温 23.6～24.9℃、成熟期气温 21.8～23.5℃。花椒栽培是否成功，不仅看当地积温多少，还要看花椒生长结果各个时期是否满足其生长发育要求。冬季最低气温低于－18℃时，幼树枝梢易冻枯，低于－25℃时，大树地上枝梢易受冻干枯，早春萌芽、开花出现晚霜冻致使幼芽和花穗受冻变黑枯死。在北方地区，花椒多能忍耐冬季低温安全越冬，但在地形复杂的沟底、谷口等地块常常遭遇春季霜冻，导致减产或绝收，花椒建园选址要避开谷口、风口和晚霜严重的地形、地势。

四、水分

花椒耐旱，全年平均降水量 400 毫米即可满足树体生长发育，低于 400 毫米的地区栽植花椒必须配置灌水设施。4—5 月花期降水量必须保证 180～120 毫米，果实成熟期降水量 150～180 毫米才能保证优质丰产，若这两个生长季节的降水不足，必须配置灌水设施，否则，不可建园。我国花椒栽培区多能满足年降水量，但多数地区降水不匀，北方常因花椒开花、结果期降水不足而影响生长和坐果，南方多因降水过多造成坐果少、产量低。

花椒怕涝、不耐水淹，不宜在低洼积水的地块，或排水不畅的黏重地块和沙土地建园。

五、光照

花椒喜光，建园时应考虑当地光照条件，全年日照时数应在 1 800 小时以上。同时选择光照充足的阳坡、半阳坡建园。栽植株行距不可过密，过密透光差，花芽形成少，果实质量差。

56

六、灾害气象因子

花椒花期遇风沙天气会严重影响坐果。幼芽和花穗受晚霜危害是北方生产中突出问题。因此，花椒园选址时应避开风口、谷底、洼地等冷空气沉积的地块，以减轻霜害和风害。

花椒喜光、耐旱、怕涝，建园应避开生长结果季节阴雨连绵、降雨过多、光照不足的地区。

第二节　园地规划

花椒建园规划主要是对园内道路、田区划分，各种辅助设施地配置等等。规划设计是否合理直接影响以后的田间管理工作。设计前要实地勘察地形，并对当地的土质、生态环境、水文资料、季节风向、历年气象资料等情况进行调查。规划面积较大的花椒园，最好有航拍图，同时测绘地形平面图，为道路、灌溉、排水系统、小区布设的规划设计提供便利。

一、小区规划

根据园地大小、走向，结合路、林、渠等永久性基础设施建设，将花椒园分为若干大区和小区。大区以林带划分，小区以支路、支渠划分。在一个总体园内，花椒树栽植面积应占全园总面积的90%左右，大型园占85%以上，小型园占90%以上。园地道路占3%～5%，房屋、农具棚、仓库等占2%～3%，为节省土地和便于施工，水渠应沿道路设计和修建。小区的布设要根据地形、地势科学合理划分，山坡、丘陵地小区面积1.5～2.0公顷，平地小区面积3.0～5.0公顷。小区多为长方形，长宽比为2∶1或3∶2。园区总面积规划要依据当地劳动力资源状况设定，因为花椒果实采收期间短，机械化程度低，必须大量人工采摘，花椒园建设规模要与人工采摘能力一致。

二、道路规划

道路系统规划结合地形、灌溉渠网规划等进行设计。道路分主路、支路、作业道三级。小区是整个园地管理耕作的基本单位，大面积栽植主要采用沟植沟灌的方式。10公顷以上的花椒园，结果前可间种其他农作物，需设计2条主干道和若干支路、作业道。支路、作业道均与主道路垂直相连。一般主道宽8米，支路宽4～6米，作业道宽2～4米。道路纵向坡度不应超过9度，若超过，应呈S形盘旋上行，尽量减缓坡度。道路规划要有利于园区作业，利于机械及畜力耕作，适应大面积管理需要，并方便采收运输。

三、防护林规划

防护林可改善果园生态条件，降低风速，减少风害，调节温度，增加湿度，减轻冻害，保障花椒树正常生长发育，提高结实量。特别是山地和坡地及春季多风和霜害严重地区，防护林的设置十分重要。防护林还具有保持水土、减少地表径流、防止土壤冲刷等作用。防护林分为不透风林带与透风林带，不透风林带又分为墙式林带和拱式林带。墙式林带是由数行树组成的不透风林带，这种林带风可越顶而过，并很快下窜入园，防护地段小。拱式林带是中央高、两侧渐低，呈拱形的林带，防护距离较远。透风林带排气良好，但在减少果园水分流失方面不如不透风林带。透风林带多由几行树干高大的树组成，风从下部树干窜过，在树干和树冠挡风下，风速明显减弱，起到防风作用。规划花椒园时，主林带多用拱式不透风林带，区间林带多用2～4行透风林带。防护林的防护效果主要由林带所在地势、林带高度及密度等因素决定。一般地势高、树体高的林带防护距离长。防护林的有效防风范围：背风面为林带高度的25～35倍，降低风速效果最好的距离是林带的10～15倍处；迎风面为林带高度的5倍。

用于防护林的树种须对当地自然环境有较强的适应能力；主要栽植树种应具备树冠大、生长快、寿命长的特点，以便较早地起到防护作用；对花椒树生长结果无不良影响；不可是花椒病虫的中间寄主；树冠紧凑、直立，对邻近花椒树影响较小，根深，不易风折和倒伏。生产中尽量选择经济价值较高的树种，如有蜜源、用材、绿化等功能的树种。一种树难以兼备上述各个条件，可以选择多个树种，相互搭配，达到防风护林的效果。常用的防护林树种有杨树、泡桐、白蜡、银杏、苦楝、柿、水杉、雪松、木瓜、枫杨、法桐、香椿等等。

四、水土保持体系规划设计

花椒多栽植在山区丘陵坡地上，水土保持任务繁重而意义深远。水土流失是地表径流对土壤侵蚀的结果，土壤侵蚀分为面蚀和沟蚀两种类型。面蚀和沟蚀会造成花椒园土壤质地恶化，表土层中土粒减少，含石量相对增加，水分和养分下降，施肥和灌溉的效果持续时间短暂，而且土质坚硬，耕作困难。土壤侵蚀会导致花椒树根系生长受到抑制，枝条生长量小，叶片小，产量和质量下降；在根部裸露的情况下，花椒树寿命显著缩短，严重时导致死亡。水土流失的多少，取决于土壤冲刷速率的大小。冲刷速率大小与地形、降雨量、土壤、植被及耕作方式有关。山地花椒园坡度大，冲刷速率自然也大。坡面平整程度与坡面冲刷力度密切相关，坡面不平，降雨时容易在凹处形成沟蚀，在凸起形成片蚀。坡面长，集雨面大，形成的径流流量大，土壤侵蚀严重，易形成冲刷沟。北方地区降雨多集中在 7—9 月，此时，杂草生长旺盛，果农中耕除草使园地表层土疏松，雨量大造成大片表土被剥蚀，形成片蚀和沟蚀。山地土层薄的花椒园在强降雨时，地表径流大，水土流失严重。

山地花椒园要改变耕作方式，沿水平方向横向耕作，切断坡面，拦蓄径流，减少冲刷；采取行间生草，减少地表径流强度，保持水土。沿等高线开挖竹节沟、蓄水沟、修筑梯田等措施，可减少水土流失。

五、灌溉排水系统规划设计

灌溉排水系统主要是调节花椒土壤需水量的补给和过量水的排出，是丰产、稳产的关键措施。花椒是比较耐旱的树种，但是花穗生长期、开花坐果期、果实成熟期需要充足的水分，而北方地区降水不匀，造成花椒需水的关键时期缺水干旱，而暴雨季节又常造成涝灾，因此，花椒园应配置完善的灌溉排水设施。

灌水渠应结合道路、地形、田区安排进行设计，根据田区需要设置，并与引水渠垂直。每个区要有干渠和支渠，用混凝土或石块砌成，输水渠道的渗透量要求尽可能小。主路两侧应设引水渠，渠面宽 50 厘米左右。干渠比降在 1/1 000 米左右，支渠比降在 1/500 米左右。经济条件比较好的果园可以安装滴灌设施，开展水肥一体化管理，节水、节肥、省人工。

地形低洼或平地，在降雨量较多的年份，或遇暴雨，地表径流量大，雨水冲刷严重，形成土壤过湿或变成涝地，一定要及时排水。

第三节　生产园的建立

一、品种选择

花椒为无融合生殖，建园时不需要配置授粉品种。要选择适应栽植地区的自然、地理及气候条件，且品质优良、结果早、产量高、商品性好、抗性强、有较好市场前景的品种。如北方各地的大红袍、小红袍、大红椒；四川汉源、泸定、越西、西昌等地区选择的正路椒、清椒；甘肃的秦安 1 号；重庆的九叶青；贵州的顶坛花椒。在北方一些山地花椒园，花椒萌芽易受晚霜危害，应选择物候期晚，或耐霜冻的花椒作为主栽品种。

二、栽植时期

花椒栽植时期分为秋季栽植、春季栽植和雨季栽植。秋季栽植是在树体开始落叶前后进行。秋季栽植的花椒树，根系伤口愈合早，次年生长发芽也早，

苗木长势旺。在冬季较为寒冷的地区需要注意防寒越冬，预防早春抽条，栽植当年埋入越冬对抑制抽条效果明显。秋栽宜早不宜迟，栽植过晚成活率低。可以趁秋墒带叶栽植，既节约浇水量，又可提高成活率高。

春季栽植是在土壤解冻后苗木即将发芽前后进行。春栽宜迟不宜早，栽植过早，土壤温度低，根系愈合慢，成活率低，栽植过迟叶芽萌生，容易将萌芽碰掉，降低成活率。

无论秋季栽植还是春季栽植，都要保持好根系水分，因为花椒毛细根多，十分细弱，在运输过程和栽植前暴露在阳光下很容易风干，造成苗木枯死，栽植失败。因此，苗木出土到栽植前一定要做好防晒保水工作，除包装严实外，栽植前根系可以拉泥条保湿，提高栽植成活率。

在缺水干旱的山地建园，栽植时浇水困难，可以在雨季栽植。雨季栽植时间一般在6月以后，苗木高在60厘米以上时，注意天气预报，在大雨到来的前一天栽植，或雨停后栽植。雨季栽植最好趁土壤下透或连续几天降雨，栽植成活率高，特别是阴雨连绵的早秋栽植成活率高，幼苗成活后长势旺。

三、苗木选购和栽植准备

1. 苗木选购

苗木质量是建园成败的关键。苗木选购要注意以下几点：

（1）苗木品种纯正。

（2）苗木生长发育良好，规格整齐一致，根系完整、无机械损伤、无病虫危害，严禁携带具有检疫对象病虫的苗木栽植。

（3）栽植地区的生态环境和栽培条件最好与育苗地一致。即山地、丘陵旱坡地建园最好选择旱地苗；水肥条件良好的平地栽植可以选水浇地苗，最好近距离或本地区购苗，运输距离短，自然条件相近，苗木栽植成活率高，栽后缓苗期短、生长快。

2. 苗木运输

长途运输的苗木应保湿运输。起苗、运苗要核对品种，登记挂牌，以免混乱。运苗前将根系蘸泥浆，避风保湿运输；运苗时间要尽可能短，苗到后及时假植并适当浇水，或立即栽植。自育苗宜随挖随栽。春季干燥风大，挖苗后不可长时间晾置，保持苗木湿润鲜活。定植前剪除死根、伤根、病根及枯枝，并用杀菌剂消毒处理后再栽植。

3. 苗木准备

外地运输来的苗木或假植苗，喷洒3～5波美度石硫合剂，或30%机油石硫600倍液进行消毒，杀灭苗木携带的病虫。栽植前用100毫克/千克 ABT8# 生根粉溶液蘸根，或用5～10毫克/千克 ABT8# 生根粉泥浆拉泥条，提高成活率。栽植前将病枯植株、根系损失严重植株、蚧壳虫携带植株剔除，将断根、毛茬剪齐，可促发新根，提高苗木成活率和生长势。

四、栽植密度与方式

花椒为喜光树种，不耐荫，树冠下部枝条易枯死。栽植密度要合适，要根据土壤肥沃程度、品种特性、气候条件、栽培模式来确定。近年来，为实现花椒早果丰产而发展小冠密植栽培，或由临时植株组成的先密后稀的计划密植栽培。传统的花椒栽培密度前期株行距多为 2.0 米×3.0 米，进入结果期后随着植株树冠扩展，郁闭度大到影响通风透光时，再隔行间伐，变为株行距 3 米×4 米的栽培密度。随着花椒园管理机械化程度的提高，栽植的行距增大、株距缩小，新兴的花椒园株行距为 1.5 米×3.0 米、2.0 米×3.0 米、2.0 米×4.0 米、2.0 米×5.0 米、3.0 米×4.0 米、3.0 米×5.0 米。长期进行粮椒间作栽培的花椒园，栽植密度行距可增加到 8～12 米。在地势平坦、土层深厚肥力较高和有灌水条件的地块栽植密度可适当加大；在山地、坡地、滩涂、丘陵、旱垣地、复垫地、土壤瘠薄、肥力差的地块密度适当减小。另外，长势强、树冠大的品种栽植密度要稀，长势弱、树冠小的品种栽植密度可适当加大。花椒树栽植密度还要根据地形差异灵活调整，梯田护边单行栽植株距要密，双行或多行栽植株距要适当加大；房前屋后、村边四旁等栽植可单株孤植，也可小面积片植，无论何种栽培方式，都要做到通风透光，稀密适当。花椒作芽菜栽植密度要大，保护地栽植株行距 0.2 米×0.4 米，双行栽植 0.2 米×0.2 米×0.5 米；大田栽植株行距 0.25 米×0.4 米，或 0.2 米×0.3 米×0.6 米。管理精细的芽菜生产园还可以适当增加栽植密度。作为防护篱笆栽植，单行栽植株距多为 0.2 米，双行栽植株行距 0.2 米×0.3 米。总体而言，花椒栽植密度的大小要根据实际情况，综合考虑灵活掌握。

花椒栽植方式可采用长方形、正方形、三角形和带状（双行）栽植。坡地、丘陵地采用等高线栽植，为保持水土，一般行向沿等高线。为充分利用光能，要根据立地条件规划定植行走向，一般以南北行向为主。平地采用长方形或正方形栽植，梯田地根据梯田宽度确定栽植行数，梯田面窄栽 1 行，栽植位置距离梯田外沿 1.5 米，在梯田宽护边面栽植可距离梯田外沿 2～3 米错位（三角形）栽植 2 行。山地鱼鳞坑栽植也要错位定植，有利于保持水土。防护篱笆双行栽植也应错位（三角形）栽植。

五、栽植技术

1. 放线
定植前根据园区地形用标杆、测绳拉线，用白石灰标定株行距和定植点。

山地、丘陵地块要等高、垂直放线，随地形坡度的升高，栽植密度应适当减少。

2. 挖坑

花椒苗比较细小，土层深厚、土质疏松的地块随挖穴随栽植即可，土层瘠薄、土质坚硬或土石混合地块需在栽植前挖穴。株距小时可开垄沟，深度40～50厘米，沟深度要均匀。挖定植穴栽植时，穴体大小以40～50厘米见方即可，将表土与新土分放两侧，回填时将表土先填入穴底，分层踏实，上部再填入新土，至离地面20厘米左右为止，踏实成中间略高、四周略低的馒头状土堆。在工质比较黏重或立地条件较差的土石山地，要在栽植的前一年挖1米见方的大穴，将石块捡出，经过一年的风化或客土改良土壤后再栽植。在浇水特别困难的山地，可在雨季降雨即将到来前或降雨后趁墒栽植，将苗木从苗圃地起出后立即剪去新梢，留取30～40厘米高，根部拉泥条，随挖随栽。在有灌溉条件的地块建园时，挖坑宜早。挖坑应秋栽夏挖或春栽秋挖，便于土壤灭菌消毒。

3. 施肥

栽植前在定植穴（沟）内施入一些腐熟的有机肥。株施有机肥5～10千克、过磷酸钙0.5千克，肥料和表土均匀混合，开垄沟时施入。穴栽时将肥料与表土充分混合，栽植时填入底部。黏质土宜施渣肥，硬碱土加醋糟，改善土壤。没有有机肥可由复合肥替代，每株施肥量0.5千克，与表土充分混合，施入底部。地下害虫较多的地块要加入杀虫剂，杀灭地下害虫。

4. 栽植

栽植时要"栽两头—看中间—排下行"，保持苗木横竖成行，规范整齐。栽植苗木的根系全部放入坑内，并使根系均匀自然地伸展在穴中，根系不可盘结，然后将苗木扶直，填土，边填边踏实，并提苗顺根，使根系与土壤紧密接触，直至略高于地表。栽植时要求根茎与地面持平或略低于地面2～3厘米，并在苗木四周做灌水圈。栽植过浅，根系裸露，成活率低；栽植过深，植株发芽晚，长势弱。

5. 浇水覆膜

挖好定植穴后要灌水踏墒，晾置3～5天，定植后苗木下沉少，栽植效果好。定植苗木后及时灌水并覆盖地膜，利于提高地温并保墒，促进根系生长和缩短缓苗期。覆膜时要用土压实地膜边缘，以防大风吹开。为节约用水和提高用水效率，在水资源短缺或浇水困难的地区，花椒栽植时根系拉泥条，将少量水集中浇在根系密集分布区，覆土后将树干周围修成倒漏斗状，上覆地膜，以保湿增温、提高成活率。对秋季栽植的花椒苗，翌年春季发芽前再浇1次透水，确保苗木成活和健壮生长。

六、栽植苗管理

1. 检查成活并补栽

栽植后 10～15 天，及时检查成活情况，未成活的植株处重新补栽，补栽时对全园树再浇一遍水，提高成活率，缩短缓苗期，促进发芽生长。若秋季栽植，苗木基部封土堆越冬，待早春检查成活，进行补植，随后扒开土堆，普遍浇一次水，保证栽植成活。

2. 定干

栽植后及时定干。定干时要求整形带内芽体饱满，剪口下留壮芽。定干的高度根据当地的气候条件、栽培管理水平、采用的树形而定，干旱、土壤瘠薄、管理差的地块，采用无主干树形，定干要低，否则树体生长较弱，影响生长和产量；肥水条件好，土壤肥厚，管理水平高的地块，定干高度要适当提高，避免植株生长过旺，结果晚。中原地区定干高度一般 30～40 厘米。剪口可用石蜡或油漆封口，以防枝条失水抽干。

3. 越冬防护

冬季寒冷地区，秋季栽植苗木越冬前要埋土防寒，也可涂白后束草防寒，用秸草将树干包裹起来，次年气温升高，苗木萌芽前将秸草解开。也可在树干喷涂防冻液越冬防寒。在鼠、兽危害严重的地区，要用捕、驱吓等方式防止鼠、兽啃食。

4. 预防春季虫害

花椒萌芽时期常遭受金龟子、大灰象甲、蚜虫等为害，可于发芽前在树干上套一个塑料薄膜筒，开口朝上，可防止金龟子、大灰象甲等害虫啃食幼芽，待芽长度在 1 厘米以上，去掉塑料筒，去筒前 3～5 天先开孔通风，降温降湿。去筒后可喷洒 1.8% 阿维菌素和 80% 烯啶虫胺 4 000 倍混合药液防治。

第六章

花椒土肥水管理

第一节　土壤管理

花椒树适应性强，耐粗放管理，多栽植在土壤瘠薄、结构不良或土层较薄的地方，加上不重视地下管理，树体表现生长势弱、座果率低、结果少，生长和结果受到明显影响，特别是栽植在丘陵、山区旱薄地上的花椒树，表现更为明显。因此，加强土壤管理，改良土壤理化性状，协调土壤中的水、肥、气、热，提高土壤肥力是保证花椒树良好生长和结果的重要措施。

一、土壤改良

1. 沙地改良

沙土含沙粒多，黏粒少，粒间多为大孔隙，但缺乏毛管孔隙，所以透水、排水快，土壤持水量小，蓄水抗旱能力差。沙土中主要矿物质为石英，养分贫乏，又因缺少黏土矿物质，保肥能力弱，养分易流失。沙土通气性良好，好氧微生物活动强烈，有机质分解快，因而有机质的积累难，含量较低。沙土水少气多，土温变幅大，昼夜温差大，花椒为浅根系树种，夏天过高的土表温度不仅直接灼伤植株和根系，也造成干热的近地层小气候，加剧土壤和植株失水。

沙土地改良应多施有机肥，有机肥是土壤微生物生命活动的必需物质，是改善土壤结构、形成团粒体的重要成分，也是土壤中氮、磷及其他营养元素的来源。土壤的抗旱性、保水性、保肥性、吸附性、缓冲性等均与有机质含量密切相关。施用有机肥、种植绿肥植物或实施生草的土壤管理方法，可有效提高土壤有机质含量。

靠近含有泥沙的河流的花椒园，可以引洪水以使河泥沉积在土壤表层，起到压沙作用。压沙应在河水中淤泥含量高时引洪，河水中沙泥含量低引洪达不到压沙目的。还可以将黏土、河泥填充到定植穴内，或覆盖到土壤表层，改变理化性质，从而改良沙地。

秸秆覆盖和间种绿肥提高沙地有机物含量。将秸秆用机械粉碎后覆盖在树盘或全园，厚度 20 厘米左右，上面压少量沙土，防止大风吹走。粉碎的秸秆可起到保水作用，经风化后翻入土中，然后重新覆盖。覆盖秸秆可有效控制杂草生长，减少土壤水分蒸发，调节土壤表层水、肥、气、热状况，冬季可保温，夏季可降温，减轻植株和根系的冻害或灼伤，使不稳定的土层变成稳定的适宜生长土层。经过几年秸秆覆盖，可显著提高土壤中有机质含量，扩大根系在土层中分布，促进植株生长和结果。花椒园种植绿肥，在生长季节定期刈割，覆盖树盘，秋后再翻入土壤中，也能起到保墒、保肥和增肥效果，对土壤有机质含量起到增加作用。生产中通常种植沙打旺、绿豆、紫花苜蓿、草木樨等植物作绿肥。

2. 黏土地改良

黏土含沙粒少，黏粒多，毛管孔隙发达，大孔隙少，土壤透水通气性差，排水不良，不耐涝。土壤持水量大，但水分损失快，耐旱能力差。有机质在土壤中分解缓慢，腐殖质累积较多。黏土含矿物质较丰富，土壤保肥能力强，养分不易流失，肥效来得慢，平稳而持久，温度变幅小，春夏升温缓慢，花椒根系不易发生冻害。但黏土易黏结成块，耕作时阻力大，土壤胀缩性强，干旱严重时土层开裂缝隙大，扯伤根系，影响花椒生长与结果。

黏土地改良应大量施入有机肥或种植绿肥。施用有机肥可提高土壤有机质含量，有效克服土壤板结，提高土壤肥力。通过种植绿肥刈割覆盖树盘，经夏季降雨沤制入土，提高土壤有机质含量，达到改良土壤目的。种植绿肥产量高，改土效果好，省工省时，经济有效。

秸秆覆盖改良效果很好，在树盘和行间覆盖 20 厘米厚的秸秆粉碎物，经夏季风化后，结合秋季施基肥埋入土中，连续几年覆盖秸秆可显著改善土壤理化性状，黏度下降，通气性增强，有利于根系扩展和地上部生长发育。

土壤严重黏重的地块，可挖去表土层，更换通气性良好的壤土，改良效果最好，但投资大，用工多。可以在黏土中掺入沙土、炉灰渣等物质，改土效果也比较好，改土深厚，一般大于 30 厘米深度才可满足花椒树生长结果要求。在改良土壤的同时，要注重科学施用化肥，尽可能不施用硫酸基化肥，也不可以长期施用单一化肥，尤其是氮肥，易加剧土壤的黏性。化学肥料与有机肥混合后施入土壤效果更好。酸性大的黏土可施入生石灰，改善土壤酸碱度，更有利于花椒树生长结果。黏土地禁忌雨后或灌溉后耕作，容易压实土壤，形成坚实的黏土块。

3. 盐碱地改良

盐碱地含盐量高，pH 偏高，土壤质地多为沙土，黏粒少，含有过量的氯化盐、硝酸盐、硫酸盐、碳酸盐、磷酸盐等成分。盐碱土含有的有害成分主要是钠盐类，成分多为碳酸钠、碳酸氢钠、氢氧化钠、硫酸钠等等。土壤中盐分

含量过高时，土壤溶液浓度大于根系细胞液浓度，使根系难以从土壤中吸收水分和矿质营养元素，引起生理性干旱和营养缺乏。盐类对根系还有腐蚀作用，使花椒根萎蔫、枯死。土壤盐碱含量直接影响 pH，一般盐碱地 pH 高于 8.0，而且有机质含量很低，土壤微生物种类和数量少，不利于土壤中有机物分解和根系对养分的吸收，土壤中营养元素不能释放，肥料的效用不能发挥作用。盐碱地土壤贫瘠，对人工施肥依赖性大，肥料发挥作用时间短。盐碱土中代换性钠含量高，常使土壤干硬、透气性差。

花椒树比较耐盐碱，可忍耐含盐量为 0.3% 的土壤，含盐量高于 0.3% 时，必须洗盐除碱，使盐碱含量降低到 0.3% 以下，达到花椒树能忍受的浓度。灌溉洗盐应在春季返盐、返碱时进行。灌溉洗盐的水应是无盐碱的清水，否则会增加盐碱的浓度。洗盐碱的地块要有良好的排水设施，将灌溉洗盐碱水及时排掉，否则花椒树易受淹致死。因此，盐碱地建园应做好灌溉和排水设计，保证及时排掉土壤较深层的积水。

盐碱比较严重的地块也可以在土壤中施入石膏、磷石膏，或含硫、含酸的化学品，用腐殖酸类改良剂降低盐碱浓度效果也很好。多施钙质化肥（过磷酸钙、硝酸钙）和酸性肥料（硫酸铵）也能起到改良盐碱和增加土壤营养的效果。多施有机肥不仅能改善土壤结构，也能有效降低土壤溶液 pH，提高土壤养分有效性。花椒园间种耐盐碱性强的绿肥，或覆盖秸秆、杂草等有机物并间接增施有机肥，增加土壤有机质含量，改良土壤结构，满足花椒树生长需要。

花椒园行间土壤深翻是改良盐碱地的有效措施，通过深翻增加土壤通气性，为微生物繁衍提供充足的氧气，加快难溶性矿物质转化为可溶性养分，有宜于花椒根系吸收。深翻土壤加快了土壤熟化，改善土壤结构和理化性状，增加土壤团粒结构，为根系生长创造良好环境。土壤深翻应在仲秋进行，此时果实采摘完毕，新梢已停止生长，养分开始积累，根系处于生长状态，有利于伤根愈合和生长。同时，北方地区进入秋雨季节，特别是对于旱地花椒园，有利于其蓄水保墒。如果深翻与秋施基肥结合，效果更好。此时温度尚高，有利于有机肥分解和吸收。土壤深翻的深度一般以 25 厘米左右为宜。

4. 山坡地改良

山坡地分布于山地、丘陵起伏的地块。山坡地土层厚薄不匀，水土流失严重，肥力低，土壤中夹杂大小不一的碎石块，耕作管理不便，特别不利于机械化操作，容易损坏机械部件。

山坡地改良首先要做到科学规划、综合治理，治坡与治沟相结合，做好蓄水、保水和保土工作。其次要深翻，将土壤中较大块的碎石等杂物捡出，集中堆放或移出地块，有的花椒园将捡出的碎石块作铺路石。栽植前要挖大穴，增加有机肥施用量，或采取覆盖绿肥和行间种草刈割沤制等措施，增加有机质含量，改善土壤性质和结构，提高肥力。同时做好相应水土保持工程，减少水肥流失。

土壤是花椒重要的生长发育基质，土壤的理化性状与管理水平对花椒树生长发育与结实密切相关。土层深厚、质地疏松、温度适宜、酸碱适中、养分丰富的土壤才能保证花椒树丰产优质。生产中应根据花椒生长的要求进行土壤改良，为根系生长创造较好的根际土壤环境。一般情况，花椒园要有60厘米以上厚度的活土层，根系集中分布层的范围越广，抵抗不良环境、供给地上的营养能力就越强，为达到植株生长健壮、优质丰产的目的，必须为根系生长创造适宜的土层。优质高产园还要求土壤有机物含量高，团粒结构良好。有机质能够促进微生物繁殖，加快土壤熟化，维持土壤良好结构，被分解的有机质转变成腐殖质，形成团粒，营养元素吸附其表面，不断释放花椒生长需要的各种营养元素。土壤疏松、透气性良好，根系吸收、生长及生理活动旺盛，可为生长结果提供足够的养分。因此，花椒栽植前需进行土壤改良，为以后的生长发育和丰产打下坚实的基础。

二、土壤管理

1. 幼龄花椒园土壤管理

幼龄期花椒树体矮小，株行空间大，通风透光好。重点做好树盘管理和行间间作。

幼树树盘内的土壤可采取清耕或清耕覆盖法管理。树盘清耕是通过中耕除草管理保持树盘内及四周土表无杂草生长，中耕的深度以不伤及根系为限。随着树冠不断增大，树盘清耕的范围逐渐扩大。对山地、丘陵地花椒园，树盘清耕与每年扩穴相结合。扩穴的大小要达到次年根系集中生长分布的范围，扩穴深度大于30厘米，扩穴后最好及时灌水，有利于伤根愈合和土壤下沉。扩穴时间应在秋末或冬初，可改善土壤物理结构。树盘覆盖可以杀灭杂草，夏季降低地温，冬季可保暖，减轻因高温或严寒对根系的伤害。覆盖物可选择粉碎的秸秆、杂草、稻草、厩肥或泥炭等有机质，厚度10~20厘米，经济条件好的地区可选果园专用覆盖膜或无纺布。北方寒冷地区幼树越冬前树盘培土，既能保墒又能减少根系冻害。

幼龄树行间空地面积大，可在行间或隙地种植其他经济作物，压灭杂草，增加花椒园结果前经济收益。合理间作能充分利用地力和光能，改善地面环境，增加土壤有机质，改良土壤理化性状。如间种花生、大豆，收获花生和大豆后，遗留在土壤中的根、叶等残留物可增加土壤中有机质的含量。间作物增加了生物多样性，形成生物群体，群体间可相互依存，改善微域气候，有利于树体生长。不同间作种植模式也影响花椒园昆虫群落的结构及稳定性，间作物

种类不同害虫和天敌物种数量与个体数量均有较大差异。多数情况下，害虫、天敌的种类和数量均增加，而天敌的群落有积极的优化配置，提高了系统的稳定性，增加系统对外界的抗干扰能力。在选择间作物时应优先选择适合害虫的寄主植物，降低害虫对花椒树的危害。间作物可防止雨水侵蚀地表，减少水分蒸发和水土流失，防风固沙，改善生态条件，有宜于幼树生长发育。间作物以不影响花椒生长发育为前提，有利于花椒幼树生长发育。间作物植株要矮小，生育期要短，应与花椒需水临界值错开。间作物仅限于行间空地，并留足保护带，随树冠扩展间作物应在树冠投影以外种植，进入结果期树冠基本交接时停止间作。当间作物与花椒竞争肥水剧烈时，要加强施肥灌水。间作不宜采取混作、套作等形式，不宜提高复种指数。间作物要合理轮作换茬，防止连作后造成果园营养元素缺少、病虫害严重、根系分泌物产生毒害作用等问题。间作的作物种类应选择豆类、瓜类、矮秆的草本药材、早熟蔬菜、绿肥作物等等。幼树期间种作物时，应保持保护带清耕或除草免耕，并加强幼树和间种作物管理。

2. 成年花椒园土壤管理

花椒树栽植后树冠迅速扩展，园内郁闭，结果量逐年增加，进入成年期。成年花椒园土壤管理要围绕满足树体结果丰产的要求，改善土壤理化性状，为根系生长和吸收营养提供良好的土壤生态条件。

（1）花椒园清耕，经常进行耕作，使土壤保持疏松和无杂草状态，是我国果园传统的土壤管理方式。清耕工具多用犁、锄、中耕除草机等。清明至夏至对土壤浅耕，深10厘米左右，有利于土壤中肥料分解，杀灭杂草，减少水分蒸发。春季清耕浅，伤根少，对花椒树萌发、新梢和花穗生长有利，提高开花坐果率。生长季节，雨季或灌溉后要进行中耕除草、疏松表土、铲除杂草，防止土表板结和水分蒸发。秋季新梢停止生长，果实成熟采摘后深翻，一般深度20厘米左右。此时树体养分开始向下转运，地下部正值根系秋季生长高峰，被翻耕损伤的根系伤口愈合快，并能长出新根，有利于树体养分积累和土壤营养吸收。由于翻耕土壤表层根被破坏，促使根系向下生长，提高来年抗旱能力，扩大根吸收范围。通过秋季深翻铲除宿根杂草，减少养分消耗，而且有利于杀灭地下越冬害虫。降水大的年份，翻后不耙，促进水分蒸发，改善土壤水分和通气状况，盐碱地可防止返碱。

清耕法可使土壤保持疏松通气，促进微生物繁殖和有机物分解，短期内增加土壤有机态氮素。耕锄松土还可达到灭草、保墒、防涝和改善土壤微生物活性的目的，加快土壤有机物的转化和养分释放，增加速效性磷、钾的含量。但是，花椒园长期清耕可导致生物种群结构发生变化，有益生物数量可能减少，影响果园的生态平衡。长期中耕清园会破坏土壤物理结构，有机质含量及土壤肥力下降，影响果实质量。在风沙地区和坡地花椒园易使土壤受到侵蚀，引起水土流失，寒冷地区还能加重树体冻害，幼树的抽条率高。所以，不同地区花椒园清耕与否，清耕的时间、次数及深度等等，应因地制宜、合理实施。

(2) 花椒园生草，即人工全园种草或只在行间带种草，草种通常选择优良的一年生牧草，也可采用自然生草法。人工种草的草种经过选择，能抑制其他杂草对花椒树体和土壤的有害影响，果园生草在土壤表层形成大量细根，固土能力强，增大土壤凝聚力，改善土壤物理结构，形成较大的土壤颗粒，增加土壤孔隙度，减轻土壤表面雨蚀和水土流失。果园生草在生长季节刈割和土壤中根系枯死滞留、分解可显著提高土壤有机质含量，连续种草3年以上有机质含量可提高1%以上。生草可改善土壤中矿质元素供给平衡，减轻树体缺素症。曾艳琼（2008）的试验表明，花椒间种苜蓿、百脉根、白三叶较对照提高氮素14.45毫克/千克、15.76毫克/千克、6.76毫克/千克。果园生草改善了土壤团粒结构，有利于土壤微生物繁殖，促进矿物质元素的分解转化，将这些元素由不可吸收态转变成可吸收态。所以，生草花椒园缺磷、钙、铁、锌等元素产生的生理病症基本消失。生草后园内土壤温、湿度昼夜变化小，季节变化也小，有利于根系生长和吸收，病、虫的种群和数量得到控制，减少农药投入和环境污染。

花椒园生草对草种的选择十分重要，因为花椒树为浅根系树种，而且植株较矮。因此，草的高度要低矮，地面覆盖率高。尽量减小对花椒园通风透光的影响。草的根系应深一些，与花椒根系错层而生，减弱与花椒根系在同一土层空间营养竞争。生草的病、虫不可与花椒同生，否则会加剧花椒病、虫危害程度，增加防治难度。生草要对果园覆盖时间长而旺盛生长期短，减轻与花椒树生长争夺土壤中营养和水分的时间。生草的种类应耐荫、耐践踏，有利于机械化刈割，繁殖简单，管理省工。在实际种植过程中，一种草不可能同时具备上述要求的条件。在选择草种时，根据花椒园实际情况和管理水平，可以选择2种以上混播，尽可能满足花椒园生草要求。

花椒园生草最好选择豆科植物，豆科类植物根瘤菌可大量固氮，增加土壤中的氮素含量；禾本科植物根系浅，须根多，多与花椒根系同土层共生，肥水竞争强。幼树期行间空隙大，花椒根系未占据行间，也可以选择禾本科草种生草，进入结果期后树冠和根冠多占据果园地上和地下空间，应尽可能避免选择禾本科草种。果园生草的草种应实施轮作制，避免连续种植造成土壤营养失调和病虫害累积。生产中应用的生草种类有：白三叶、野豌豆、扁茎黄芪、鸡眼草、扁蓿豆、小冠花等等。

花椒园生草要加强管理，否则达不到生草的效果。行间直播生草，幼草期要注重清除其他杂草，并加强灌水和施肥，促进草的生长。当草全部盖住地面

后，通过刈割控制高度，促进分蘖分枝、提高覆盖率、增加产草量。根据草生长状况和管理要求，生长季进行 1～3 次刈割，一般禾本科草高超过 30 厘米，豆科草开花期刈割，木质化程度低，营养含量高，沤制腐烂分解快。幼树期行间宽，通风透光好，草可以留高些，成龄树则相反。禾本科草刈割时要留生长点，豆科草留茎 2～3 节，可继续萌生。刈割下的草覆盖树盘，刈割后及时施肥浇水，有利于草生长。秋末最后一茬草可不刈越冬，有利于保护花椒根系越冬，也可以结合深翻和秋施基肥翻入地下。生草给花椒害虫和害虫天敌提供了栖息场所，防治病虫害时要注意保护好天敌。花椒园生草的草种比较单一，可采用机械刈割，省工省时，效率高，刈割的茬口整齐，便于果园土壤进行其他管理。

（3）花椒园覆草，覆草主要是农作物秸秆，能防止水土流失，抑制杂草生长，减少蒸发，防止反碱，缩小地温昼夜与季节变化幅度。针对丘陵山区花椒园土层薄、肥力低、水利条件差、土壤裸露面积大的情况，采用覆草措施。秸秆粉碎后覆盖在花椒树盘内或行间空地，也可以全园覆盖，经风吹雨淋，至秋末冬初已腐熟过半，结合施基肥和冬秋深翻埋入土中，起到增肥、保水、稳温、灭草、免耕、省工、改良土壤等多种效应。但是，覆草会导致根系变浅，招致虫害和鼠害，应注重防治。

覆草时间应结合农事进行，一般在农作物收获后，劳力充足时进行，在雨季到来前覆盖，可减轻地表径流，秸草吸贮更多的水，加快腐烂分解。在我国北方 6 月小麦等收获后，可利用丰富的麦秸、蚕豆或豌豆秧覆盖花椒园，经雨水作用，至秋末冬初落叶时，秸秆腐烂可翻埋入地下。在覆盖秸秆时，上面压少量土，防止大风吹起，冬季气候干燥要预防秸秆着火，烧毁树体。秸秆覆盖厚度多为 20 厘米左右，太薄起不到覆盖效果。花椒园忌早春覆草。早春覆草太阳辐射热被秸草阻截或反射，形成隔热层，土壤温度回升缓慢而气温上升快，根系活动推迟，不能正常吸收水分、养分，满足不了上部枝条萌芽、展叶和花穗生长需要，会延迟萌芽和展叶，覆盖越厚地温回升越慢，果穗发育差，坐果率低。

覆草可分为树盘覆盖、带状覆盖和全园覆盖。树盘覆盖是将粉碎的秸草覆盖在树盘内或树冠投影响面积内，多在树干四周 1 米范围内。带状覆盖分行内覆盖和行间覆盖。行内覆盖即对花椒树行内覆草，行间清耕、免耕，或种植作物，多在栽植前期进行；行间覆盖是将秸草覆盖在行间地面，种植带清耕或免耕，多在花椒进入结果期后采用。全园覆盖是对花椒园所有的土壤表面覆盖秸草。全园覆草不利于降雨快速渗入土壤，水分蒸发消耗多，但保水性好。

覆草多在不能灌溉的花椒园或有滴灌和喷灌的花椒园进行。在漫灌设施的花椒园覆盖的秸草易阻塞流水浇灌，尤其是全园覆草的花椒园，阻水严重，无法浇灌。

第二节　施肥管理

花椒树生长结果消耗大量营养，必须从土壤中吸取大量养分来满足，因此，土壤必须定期补充施肥。只有土壤中的各种元素能够满足花椒生长和开花结果的要求，花椒才能优质、丰产。土壤中的营养元素含量不仅要求丰沛，而且要求各元素之间处在一个合理平衡的水平，因此，土壤施肥管理不是施用量越多越好，而是缺什么元素就施什么元素的肥料。有时候土壤中某种营养元素含量并不低，但土壤环境不利于该元素的溶解释放，植物不能吸收利用，这时要通过施肥改善土壤内部的生态环境。所以，土壤施肥时，要注重土壤营养元素的综合平衡和科学配方。

一、配方施肥

配方施肥是综合运用现代施肥的科技成果，根据花椒需肥规律、土壤供肥特性与肥料效应，以有机肥为基础，根据花椒树各个生长阶段、结果量和果实品质的要求，采用合理的施肥技术，按比例适量施用氮、磷、钾肥和微量元素肥。施肥要依据花椒需肥特点、土壤供肥性能和肥料效能，做到各种营养元素之间和树体消耗与土壤供给的平衡。施肥的种类和施肥量要围绕树体健壮生长和结果优质进行，并非肥料越多越好。施肥前应做树体营养诊断和土壤测肥，根据检测结果进行配方施肥。

树体的营养诊断技术被广泛应用到施肥管理中，目前营养诊断大多测定叶片中多种营养元素的含量，取样方便，对树体损伤小，测定的结果与标准范值对比，进行诊断，判断树体缺素、超量或中毒。同时，对土壤的养分含量进行测定，分析土壤和树体的营养状况，根据树体需要的无机养分量和土壤中存在的养分量，制订施肥种类、施肥量等等，科学制定施肥方案。

花椒树体营养诊断首先采集被测植株的叶片，对一个花椒园来说，为准确反映树体营养状况要均匀采集树样，采用"S"形线路选择采叶植株，采集植株数量30～50株。采集时间应在花椒花期至幼果期的5—6月，在树冠中上部东、西、南、北方向随机采集1年生枝条上中部发育成熟叶片，每个方向采集5～10片叶片，混合样品，经自来水冲洗、蒸馏水冲洗、烘箱烘干后，送化验分析室测定营养元素含量。土壤采集要挖取土壤剖面，剖面设在采叶树树冠外缘，取土样要在剖面按0、20厘米、40厘米、60厘米取土，然后将各层土混合，取不少于1 000克土装袋供分析化验。叶、土壤分析测定后，根据叶内元素含量，对照标准值找出所缺元素，确定需施肥的种类，根据土壤测定值可计算施肥量，找出中毒元素，确定土壤改良方案。施肥量可按下式计算：

施肥量＝（目标产量所需营养元素含量－土壤营养元素含量）/肥料有效养分含量

花椒叶片营养诊断的矿质养分适宜值范围可根据刘雪凤（2011）的测定结果，得出花椒所需矿物质营养元素为 10 种。其中必需的常量元素有 6 种，氮、磷、钾、钙、镁、硫；微量元素 4 种，铁、锰、铜、锌。花椒需要的营养标准正常适宜值范围见表 6-1。

表 6-1　花椒叶片营养元素含量的标准值

	元素	缺值	正常值范围
常量元素（克/千克）	氮	<21.05	21.05～25.75
	磷	<4.46	4.46～5.40
	钾	<8.64	8.64～12.42
	钙	<37.00	37.00～41.82
	镁	<3.52	3.52～4.16
	硫	<2.4	2.40～4.20
微量元素（毫克/千克）	铁	<47.525	47.525～80.027
	锰	<133.427	133.427～176.523
	铜	<11.845	11.845～13.28
	锌	<34.544	34.544～44.546

花椒对常量元素的需求以钙最大，其次是氮，再次是钾；对微量元素的需求量，以锰最大，其次是铁，再次为锌、铜。

二、施肥种类

1. 有机肥

有机肥的种类很多，主要有动物粪便、腐烂的作物秸秆和杂草落叶、油料的饼渣、部分食品加工的下脚料和废渣等等。有机肥来源广、潜力大，既经济又易获得。有机肥含有较多的有机物和腐殖质，有机肥是迟效性肥料，在土壤中逐渐被微生物分解，其养分比较齐全，属完全性肥料，是果园的基本肥料。有机肥作基肥施用，施入根系集中分布的土层内。

有机肥中的粪肥是指人粪尿、禽粪和畜粪的总称。富含氮、磷、钾等各种营养元素和有机质，其中人粪尿含氮高，肥效较快，可作追肥。人粪尿不能与草木灰等碱性肥料混用，以免造成氮肥损失。畜粪分解慢，肥效迟缓，宜作基肥。禽粪主要以鸡、鸭、鹅粪为主，氮、磷、钾及有机质含量高，作基肥或追肥均可。粪肥必须经过充分腐熟后施用，否则，不利于树体吸收利用，而且，容易造成地下土壤中害虫滋生，为害树木根系，造成植株生长弱小，严重时死亡。饼肥主要包括豆饼、花生饼、棉籽饼、油菜饼、葵花饼、蓖麻籽饼，有机质含量高，分解缓慢，为迟效肥料，可提高土壤理化性质，改善土壤团粒结构，增加土壤通透性，便于根系生长与养分吸收。堆肥是以秸秆、杂草、落叶等残留物为主要原料进行堆积，利用微生物活动使之腐烂分解而成。堆肥营养成分全，富含有机质，为迟效肥料，可提高土壤微生物活性和培肥改土的作用，多用作基肥。绿肥是以豆科植物等为主，刈青堆沤而成，利用微生物发酵分解而成。绿肥富含多种营养元素，尤其是氮素含量高，沤制过程中营养元素缓缓释放，为迟效肥，作基肥施用。各种有机肥鲜品营养元素含量见表6-2。

表6-2　有机肥元素含量表

种类	氮(%)	磷(%)	钾(%)	钙(%)	镁(%)	硅(%)	铁(mg/kg)	锰(mg/kg)	锌(mg/kg)	铜(mg/kg)	硼(mg/kg)	钼(mg/kg)
人粪尿	0.64	0.11	0.19	0.25	0.07	0.25	294	46	21	5.0	0.70	0.33
猪粪尿	0.24	0.07	0.17	0.30	0.10	4.02	700	73	20	7.0	1.42	0.20
马粪尿	0.44	0.13	0.38	0.48	0.13	4.40	1 622	132	53	10.0	3.00	0.35
牛粪尿	0.35	0.08	0.34	0.40	0.10	3.66	943	139	23	5.7	3.17	0.26
羊粪尿	1.01	0.22	0.53	1.30	0.25	4.86	2 581	268	52	14.0	10.30	0.59
兔粪尿	0.87	0.30	0.65	1.06	0.16	6.00	2 390	150	49	17.0	9.33	0.75
鸡粪	1.03	0.41	0.72	1.35	0.26	14.00	3 540	164	66	5.41		0.51
鸭粪	0.71	0.36	0.55	2.90	0.24		4 518	743	62	16.0	13.00	0.37
鹅粪	0.54	0.22	0.52	0.73	0.20		3 343	173	48	14.0	11.00	0.32
鸽粪	2.48	0.72	1.02	—	—		2 364	273	212	15.0		0.57
蚕沙	1.18	0.15	0.97	1.71	0.40	1.74	432	63	16	7.4	7.05	0.23
饼肥	5.31	0.62	0.98	1.97	1.51	2.96	590	74	110	18.0	18.00	0.49
堆肥	0.44	0.09	0.33	1.00	0.15	8.30	3 271	283	32	11.3	10.10	0.23
沤肥	0.23	0.09	0.55	0.15	0.13	—	5 555	201	36	9.6	—	0.15
菜秸(干)	2.87	0.38	2.89	2.78	0.53	2.40	1 488	132	41	13.0	22.00	0.62
豆科秸(干)	2.05	0.21	1.22	1.36	0.44	2.13	923	186	38	16.0		0.95
绿肥(鲜)	0.54	0.06	0.41	0.40	0.06	0.21	193	22	15	4.2	3.94	0.56
其他(干)	0.98	0.26	1.46	0.95	0.23	2.90	390	82	34	12.0	10.00	0.56

2. 化学肥料

又称无机肥料，成分单纯，某种或几种特定矿物质元素含量高、肥力大、见效快、肥效短。化学肥料能溶解在水里，植物可直接吸收，但施用不当或长期单一施用某一种或某一类化学肥料，可使土壤变酸、变碱，土壤板结，破坏

土壤结构，肥力下降。化学肥料多作追肥，应结合灌水施用。

花椒树栽植后生长结果期为20～30年，每年需从土壤中吸取大量的营养元素，供给营养生长和果实发育。为满足花椒幼树树体形成、提早结果，大树优质高产、丰产稳产，必须加强施肥。施肥的多少、时期要依据花椒树各个时期发育的特点，选择不同种类的肥料，才能达到满意的效果。基肥多为迟效性有机肥，逐渐分解释放养分，长期供给。追肥多为无机肥，施用后花椒可以直接吸收利用，多在花椒生长期需肥时施用。在化学肥料中按所含养分种类又分为氮肥、磷肥、钾肥、钙镁磷肥、复合肥、微量元素肥等类型。其中，只含有一种有效养分的肥料称为单元肥，同时含有两种或两种以上元素的肥料，称为复合肥。

（1）氮肥，氮肥种类很多，常用的有尿素、氨水、碳酸氢铵、硝酸铵、磷酸铵、磷酸二氢铵、磷酸氢二铵等等。

尿素含氮量42%～46%，适用于各种土壤，经土壤微生物作用转化为铵态氮后可被根系吸收，肥效稍迟。尿素对土壤没有任何不利的影响，可作基肥、追肥和叶面肥施用。氨水含氨量12%～17%，极不稳定，呈碱性，有强烈的腐蚀性。氨水肥效快，遇草木灰、石灰等碱性物质容易分解挥发，造成氮素损失，施入土壤后易被土壤黏粒与腐殖质吸附、保存。氨水施用时必须施入土内，并及时灌水，保证效果作追肥。碳酸氢铵，简称碳铵，含氮量17%左右，肥效快，遇碱性物质易分解挥发，适用于各种土壤，易溶于水，土壤黏粒与腐殖质易吸附，应深施覆土，切忌土壤撒施，可作追肥和基肥施用。硫酸铵，简称硫铵，含氮量20%～21%，长期施用易造成土壤板结，应结合施用生石灰，调节土壤pH，可作追肥、基肥和种肥。

（2）磷肥，根据磷化物的溶解性不同可分为水溶性、弱酸性和难溶性3类。常用的磷肥有过磷酸钙、重过磷酸钙、钙镁磷肥、磷矿粉等等。

过磷酸钙又称普钙。能溶于水，肥效快，可以施在中性、石灰性土壤中，不能与碱性肥料混施。重过磷酸钙又称重钙。施用方法与过磷酸钙相同，施用量酌减。钙镁磷肥属弱酸性肥料，施入土壤后被土壤中的酸和植物根系分泌的酸逐渐溶解，缓解释放，肥效迟，适于酸性土壤施用，可作基肥。磷矿粉和骨粉难溶于水，施入较强的酸性土壤中缓慢分解，被植物根系吸收，肥效慢，作基肥。

（3）钾肥，分为水溶态钾、交换态钾、非交换态钾和矿物态钾。常用的钾肥有硫酸钾、氯化钾等。硫酸钾含有效钾48%～52%，为酸性钾肥，溶于水，作追肥、基肥和叶面肥。氯化钾含有效钾50%～60%，溶于水，作追肥、基肥和叶面肥。

（4）复合肥，含氮、磷、钾3种营养元素中的2种及以上的化学肥料称为复合肥。主要优点是能同时供应多种速效养分，发挥养分之间的相互促进作用，物理性状好，有效成分高，储运和施用方便等等，且减少或消除不良成分对植物和土壤的不利影响。复合肥按生产方式又分为复合肥料和混合肥料，复合肥料是用化学方法合成生产的，如磷酸二铵、硝酸磷肥、硝酸钾、磷酸二氢钾等等；混合肥料是用物理方法混合而成的，如尿素和磷酸二铵混合颗粒、硝酸磷和硝酸钾混合颗粒等等。含有 2 种营养元素的叫二元复合肥，含 3 种营养元素的叫三元复合肥。复合肥肥效较长，宜作基肥，也可作追肥。

（5）微肥，提供植物生长发育的微量元素肥料，可在土壤施用，也可叶面喷施。常用的微肥有硼肥、钼肥、锌肥、锰肥、铁肥等等。微肥施用量过多，易造成植物中毒、器官畸形、生长不良。

3. 生物肥

指含有大量活性微生物种群的特殊肥料。生物肥施入土壤中，有益菌群在适宜的条件和土壤环境中积极繁衍活动，在植物根系周围大量繁殖，可固氮或联合固氮，为植物生长提供氮素营养。微生物还可促进磷、钾等矿质元素释放，分泌生长激素，加速有机物分解，释放出大量的营养元素供植物根系吸收利用。土壤施入生物肥改善了微生物种群分布，对土壤中的病虫害具有杀灭或抑制作用，如线虫、地下害虫。植物根系与有益菌还存在共生现象，互惠互利。根系共生菌可产生生长素和赤霉素类物质，促进植物生长，同时能够分解土壤中被固定的矿质营养元素，使其成为游离状态，便于根系吸收和利用。有益微生物还能从根系内吸收部分有机营养，供自身代谢和繁殖，形成共生关系。为促使果树生长发育和优质丰产，每年果园要施入生物肥和大量有机肥。

生物肥料的种类很多，生产上应用的主要有根瘤菌类肥料、固氮菌类肥料、解磷解钾菌类肥料、抗生素类肥料和真菌类肥料。这些生物肥料有的为单一菌制品，有的为多种菌类制品，使用时应根据土壤状况和施用目的选择适宜的生物肥料。

花椒树生长发育需要多种营养元素，所以肥料不能单一施用，即使施用复合肥也需要注意营养元素之间的平衡，只有施用的肥料元素比例合理，才能达到预期的效果，否则会发生拮抗作用。

三、施肥量

施肥量应根据品种、树龄、树势、产量和土壤营养状况来决定。幼树期需肥量少，进入初果期后，随着结果量的增加，施肥量也不断增大。盛果期树为保证优质、高产、稳产，必须制订科学的施肥量。

1. 基肥

花椒树多栽植在丘陵旱坡地上，土壤有机质含量相对低，多数地块有机质含量在 1% 左右，优质丰产的花椒园有机质均超过 1%，提高土壤肥力需要增

加基肥的施用量。为保证施肥效果，不仅要保证施肥要选择优质基肥，如鸡粪、猪粪、羊粪、厩肥。对于土壤肥力特别低的地块，施基肥时可以在有机肥中加入化肥，改良土壤，培肥地力。根据花椒树生长势和实际施肥管理，1～5年生植株施用有机肥10～20千克/株，6～10年生植株施用量20～40千克/株，10年生以上植株施用量大于50千克/株，生产中要根据土壤肥力状况和花椒生长情况适当增减。

2. 追肥

花椒树进入生长季节消耗大量营养，根系需要从土壤中吸取更多的养分以满足生长和结果，因此，必须及时补充土壤肥料，结合花椒树生长物候期和土壤肥力状况进行追肥。一般在开春萌芽前、开花前、果实膨大生长期和采果后施肥，有灌水条件的地块可根据花椒树生长需要和气候进行追肥；旱地可结合降水进行追肥。追肥应少量多施，过量追肥不但不能增产，反而会影响树体正常生长。生长前期以氮肥为主，后期以磷、钾肥为主，幼树追肥次数和追肥量可少，但随着树龄增长和结果增多，追肥次数和施肥量要逐渐增加，调节生长和结果对营养竞争的矛盾。生产上每年追肥2～4次，1～5年幼树追施尿素0.10～0.25千克/株或硫酸铵0.20～0.40千克/株、过磷酸钙0.60～1.5千克/株；6～10年生大树追施尿素0.25～0.50千克/株或硫酸铵0.60～2.0千克/株、过磷酸钙1.5～2.0千克/株，具体追肥量要根据花椒树生长势、结果量、土壤肥力、树龄而灵活应用。

3. 有机肥和化肥配合施用

有机肥可改善土壤理化性质，提高肥力，供应多种元素，但养分释放缓慢。有机肥和化肥配合施用既改良土壤又提高肥效，对花椒产量和质量提高效果明显，同时又可杀灭部分地下害虫，如每立方米鲜鸡粪加入50千克碳酸氢铵，堆沤过程中可杀灭金龟子虫卵和幼虫等害虫。有机肥和化肥配用比例应根据土壤肥力、树体生长和果实产量而定，一般情况下化肥的比例占5%左右。

四、施肥方法

1. 环状施肥

适宜幼树期施肥，以树干为中心，在树冠外沿挖一环状沟，深10～20厘米，宽度视施肥量而定。将肥料与土混合后填入沟内，覆土填平。随树冠扩大，环状沟应逐年向外扩展。环状施肥操作简便，但断根较多，应注意减少伤根损失（图6-1）。

2. 条沟状施肥

在树行间或株间或隔行开沟施肥，沟宽、深度同环状施肥沟。此法适用于密植园施肥，也便于机械化操作（图6-2）。

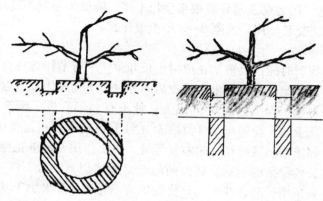

图6-1 环状施肥   图6-2 条沟状施肥

3. 辐射状施肥

以树干为中心，在树冠垂直投影响1/2处向外均匀开挖放射沟5～6条。沟的深度、宽度同环状沟，开挖时应里浅外深，将肥料与土混合后填入沟内，覆土填平。每年挖沟应变换位置，挖沟时避免断伤大根（图6-3）。

4. 穴状施肥

在树冠投影的1/2以外，均匀地挖若干个坑穴，穴深35～40厘米，直径30厘米左右，穴内填入浸透水的秸草或有机肥，用覆土封盖穴口或地膜覆盖穴口，追肥时可将化肥配制成营养液浇入穴内。穴状施肥减少了伤根损失，肥料施用集中，在干旱地区应用效果好。施肥穴每年移动位置，随树冠扩展逐年外移（图6-4）。

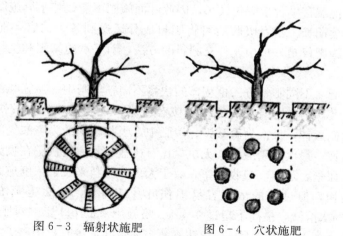

图6-3 辐射状施肥   图6-4 穴状施肥

5. 全园施肥

成龄花椒园和密植园根系布满全园，可将肥料均匀撒于地面，然后翻入土

中，深 20 厘米。因施肥浅易导致根系生长上浮，降低根系对不良环境的抗性，可与辐射沟施肥交替使用，或隔 2~3 年土壤深翻。

6. 施肥时间

正确把握施肥时间，要根据花椒树生长和果实发育节律选择合适的施肥时期和肥料种类。基肥应在花椒果实采收后的 9 月中下旬施用，以迟效性有机肥为主，施用量占全年需肥量的 60% 以上。秋雨有利于有机肥腐熟发酵，便于树体吸收和改良土壤。花前肥于 3 月底至 4 月上旬花椒开花前施用速效化肥，以氮肥为主，如尿素、硫酸铵、硝酸铵等等。主要作用是促进花穗生长、开花坐果和新梢生长。稳果肥于幼果膨大前的 5 月初施用氮、磷、钾三元复合肥，为幼果膨大、新梢生长和花芽生理分化提供营养需要。壮果肥于 6 月至 7 月初施用，以速效性磷钾肥为主，促进果实生长和种仁充实，提高果实品质，增加花芽分化，保护叶片，提高光合速率和养分积累，为来年生长和丰产奠定基础。

五、根外施肥

根外施肥是从根部以外供给树体所需要营养的施肥方法，分为叶面喷施和主干注入。生产上根外施肥主要是叶面喷肥。矿质营养元素或激素可以通过叶片和幼嫩枝梢的皮孔与角质层缝隙进入组织，被植物利用。叶面施肥直接供给树体养分，肥效快。被土壤固化的元素如铁、锌、硼等等，通过叶面喷施及时补充到植物组织内，特别是干旱、缺雨、无灌水条件的果园，根外施肥是一种节肥高效的施肥方式。但是，叶面施肥营养元素仅在叶片中和幼嫩枝梢中含量增加，而其他器官中含量变化较小，因此叶面施肥不能代替土壤施肥。土壤施肥的肥效持续期长，根系吸收后可将肥料成分运送到各个器官，促进整体生长，而叶面施肥仅是一种快速补充肥料的方法，对于严重缺肥和生长偏弱的植株效果明显。

叶面施肥，不同肥料进入植物体的快慢不同，氮肥中，喷施叶面吸收较快的为尿素，其次为硝态氮肥，最次为铵态氮肥；钾肥中，吸收较快的为氯化钾，其次为硝酸钾，最次为磷酸钾；磷肥中，吸收较快的为磷酸氢二铵，其次为磷酸二氢铵，最次为磷酸钙；无机盐比有机盐吸收速度快。在喷施微量元素肥料时加入尿素，可提高吸收速率。对于大多数肥料来说，浓度愈高被叶片吸收的速度越快，但过高的浓度容易损伤叶片，因此，叶面施肥浓度一般为 0.3% 左右的水溶液，最高不超过 0.5%。喷施肥液的 pH 影响对肥料的吸收，阳离子营养元素（如钾离子）在碱性溶液中易被叶片吸收，阴离子（如磷酸根离子）在酸性溶液中易被叶片吸收。活性剂可降低表面张力，使营养液在叶面上展开，便于叶片吸收，在叶面喷施肥料的溶液中应加入适量活性剂。叶面施肥只有肥料在叶片或幼嫩器官上呈液态状态，才能被吸收利用，因此，叶面施肥在喷施操作过程中，液滴将要从叶片上流下而未流下的状态最合适。同时，选择相对湿度大、无风的天气，在傍晚时喷施，效果比较好。夏季花椒生长旺盛，是叶面施肥的最适季节，但夏季气温高，喷施的营养液容易变干，高温还易引起叶片气孔关闭，对肥料吸收不利，因此一定要选择适宜的时间进行叶面喷施。叶片喷施肥料后 15 分钟到 2 小时，肥料即可被植物吸收利用，而且不受生长中心控制，有利于长势弱的部位和器官生长发育。特别是微量元素，植株需求量少，多在植株某一特殊生长阶段被需要，通过叶面喷施效果更好。

叶面施肥最好单独施用，与农药混配虽可节省劳力和提高效率，但混配不当，肥料中的矿物元素易与农药成分发生化学反应，降低肥效和药效，有时还会造成药害。肥料与农药混喷时，要充分了解肥料和农药各自的化学性质，避免混配后发生化学反应。尿素属于中性肥料，可以和多种农药及制剂混合喷施；磷酸二氢钾为微酸性肥料，不能与碱性肥料和制剂混喷；一般酸性肥料只能与酸性肥料和农药混喷，碱性肥料与碱性肥料或农药混喷；酸性肥料与碱性肥料或农药制剂混喷，会因酸碱中和而降低各自的效果。因为肥料只有在液态时叶片才能吸收，所以叶面施肥应在无风的天气，上午 9 时以前，下午 4 时以后进行为宜。日照强、温度高、风速大，肥液易蒸发变干，难以渗入叶内，叶片不能吸收。阴云天气或有露水的天气，叶片吸收效果好。叶面施肥遇雨天，晴后应补施，施肥间隔时间 10～15 天。

六、水肥一体化技术

水肥一体化技术是将施肥与灌水融为一体的农业新技术。水肥一体化管理技术是利用肥料溶水性，通过灌溉设施将溶有肥料的肥液，浇灌到根系分布区。水分和养分是植物生长必需的要素，也是人为控制的要素。在肥料和水分供应的过程中，最关键的是要合理调节水分和养分的平衡供应，最有效的方式是实现水分和养分的同步供给，在植物供水的同时，最大限度地发挥肥料的作用。水肥一体化是现代农业综合管理措施，在生产中又称水肥耦合、管道施肥、加肥灌溉、随水施肥等等，是同步控制植物水分供给和施肥措施的技术。与传统的施肥技术相比，水肥一体化技术具有明显的优点：省水、省肥、省时，降低农业成本，病虫害发生率减轻，农产品品质和产量提高，环境污染减少，土壤理化指标改善，矿质元素的利用率提高。植物生长发育过程中需要水肥的参与，土壤中的养分通过根系直接被吸取，吸取后土壤溶液中产生梯度差，养分由高浓度向低浓度移动，再加上质流，植物养分的利用率大幅度提高。水肥一体化模式根据其工作原理和方法可分为以下 5 种类型。

压差式施肥：所用设备是施肥罐，工作原理是在输水管上设置旁管和节制

阀，使得一部分水流流入施肥罐，进入施肥罐的水流溶解罐中肥料，溶解了肥料的水溶液重新回到输入管道系统，将肥料带到作物根系分布区。

重力自压式施肥法：自然形成落差的果园，在地势高处建立蓄水池，池底安装肥液流出管道，利用肥液自然重力流入灌溉蓄水池。

吸入式注肥：通过离心泵产生负压，将可溶性肥料吸入灌溉系统，适于任何花椒园的施肥。

注入式施肥（又称泵注施肥）：利用肥泵将肥料母液注入灌溉系统，直接将肥料施入植物根部吸收区。

文丘里施肥器：利用文丘里装置在管道内产生真空吸力，将肥料溶液从肥料管吸取至灌溉系统。

适用于水肥一体化的肥料必须遵从以下几点：遵循花椒生长发育需肥种类和需肥规律；不同生长季节合理施用相配套的肥料元素；根据土壤营养水平和花椒目标产量，依据花椒需肥规律计算施肥量；依据肥料化学性质，合理搭配，避免肥料间产生化学反应，降低肥效或产生沉淀堵塞注水头。

水肥一体化在我国花椒园生产中应用范围和规模较小，是今后花椒园施肥和灌水管理的大趋势。肥水一体化具有节省劳力、提高肥料利用率、改善土壤、优质增产等优势。水肥一体化由机械化配套设施，节省人力；肥料溶解后直接输送到植物的根部集中区，吸收快，流失少；灌水均匀，克服了畦灌和淋灌造成的土壤板结。水肥一体化要求技术管理严格，避免某些肥料与当地水质反应产生沉淀，堵塞管道和滴头；肥料要求高端水溶肥料；一次性投资较大，资金缺乏的地区难以实施和维护；需要固定的水源（如机井、水库）和设施。因此，各地应根据自身的经济状况和自然条件确定是否实施水肥一体化技术管理。

七、绿肥压青

绿肥压青是将新鲜植物压入土壤的培肥方式，分为自然生草和人工种植绿肥植物。自然生草压青是将园内杂草刈割压入土壤，或从园外刈割杂草压入土壤，经降雨沤制为有机肥，改善土壤结构，提高土壤肥力、减少土壤侵蚀。栽培绿肥是在果园行间、株间，因地制宜种植豆科、十字花科或禾本科等绿肥植物，多于开花期刈割掩埋或直接机械打碎施入土中，或刈割收集后覆盖于树盘。果园种植绿肥不仅能够提高土壤有机质和养分，还能调节水、肥、气、热，同时改变昆虫的群体结构，减轻花椒园病虫害数量和危害程度。绿肥植物强大的根系可防风固沙、减少水土流失，具有很好的生态效益。

绿肥植物种类不同，对土壤肥力增效作用各有差异。如沙打旺、苕子、豇豆、蚕豆、田菁、绿豆等豆科植物具有根瘤固氮功能，可固定、利用空气中的氮素，增加土壤氮肥含量；油菜、肥田萝卜、芥菜等十字花科植物具有解磷作用，增加土壤水溶磷浓度，有利于花椒根系对磷元素的吸收；黑麦草、大麦等禾本科植物根系发达，有利于吸收土层深处营养，增加土壤有机质含量，对花椒这种浅根系树种生长发育十分有益。根据土壤性质差异应选择相适宜的绿肥种类，为提高绿肥种植效果，多选择 2～3 种绿肥植物混播，可起到改善土壤理化性状、提高综合肥力的作用。河南省豫西丘陵山区部分花椒园行间秋末播撒油菜，来年早春油菜开花期，直接旋耙入土壤作绿肥，既有利花椒树越冬，增加土壤肥力，又减少蚜虫为害。

第三节　水分管理

花椒的灌水应根据需水规律、立地条件和土壤种类而定。花椒树比较耐旱，年降水量在 500 毫米以上的地区可满足花椒生长结果的需要，但是，往往各地的降水年份差别很大，全年降水分配不匀，造成花椒树生长期旱涝发生，影响花椒树生长发育。干旱影响花椒地下根系和地上枝叶的生长，抑制花椒花芽形成，影响果粒大小，使花椒的产量减少，质量下降，严重的干旱可造成花椒树枯死。丰沛的降水促使花椒树健壮生长和优质高产，但过多的降水使花椒叶片变黄，生长不良，渍水引起花椒根系缺氧，烂根死亡。因此，花椒园水分管理十分重要。

一、灌水

1. 灌水时间

花椒树灌水时期视土壤干旱程度和降水情况而定。就花椒生长周期需水特点，全年灌水应分萌芽水（3 月中下旬）、花前水（4—5 月）、种仁充实与成熟水（5 月至 9 月初）、封冻水（12 月中下旬）。花椒树即将萌芽时灌水，可促进萌芽和新梢、叶片生长；花前水有利于花穗生长和提高坐果率；果实膨大成熟期前灌水，有利于果粒正常发育，增加果粒单重，促进果皮着色，提高果实产量和质量；土壤封冻前灌水，增加土壤水分，增强花椒抗寒能力，有利于花椒树安全越冬。在北方春季和夏初干旱少雨而多风，此时灌水是保证花椒树当年丰产的关键措施；8 月至 9 月初灌水是花椒种仁生长和果粒成熟着色的关键时期，此时干旱严重影响花椒的产量和质量。花椒园土壤性质也影响灌水量和灌水次数，对沙地保水性差、土层薄持水量少的地块要增加灌水次数，对土壤黏重、透气性差的地块要适当减少灌水次数。雨量丰沛年份，土壤水分充足，可不灌水，干旱年份可增加灌水次数。总之，根据土壤水分供给情况安排灌水。

2. 灌水方式

花椒多栽植在干旱缺水的地区，节水灌溉是花椒灌水的大趋势。目前受条件限制大部分地区还是以地表漫灌为主要灌水方式。应大力提倡节水灌溉和定位灌溉。花椒园灌溉方式主要有地表漫灌、喷灌、定位灌溉等方式。

地表漫灌是在树行两侧打成土垄（畦）或挖沟，顺垄（畦）或沟灌水。垄（畦）宽度视树体大小而定，一般宽 50～100 厘米，挖沟的深度 20 厘米左右，沟宽 30 厘米。漫灌用水量大，灌水量随垄（畦）宽度和长度而增大，垄（畦）长灌水入土深，水的用量大，垄（畦）面宽，地表蒸发量大。为减少用水，应尽量缩短垄（畦）的长度，合理安排垄（畦）的宽度，即使花椒园灌透水，又减少用水量。在水源少的地区，采用细流沟灌是减少用水量的有效灌水方式。用犁在行间开 1～2 条深 20 厘米的沟，沟与水渠下连，顺沟灌水，灌水后及时覆土保墒。沟灌水流缓慢，经过土壤毛细管作用湿润到根系分布的土层中，而且地表水分蒸发量少，节约用水量，水分利用率高。

喷灌是利用喷灌设备采用动力将水喷射到空中，模拟自然降雨状态进行花椒园灌水。喷灌避免了地表径流和土壤深层渗漏，对土壤结构破坏较小，灌水均匀，节约用水。喷灌又分为树冠上喷灌和树冠下喷灌。树冠上喷灌，喷灌头架设在树冠之上，喷头射程远，喷水面积大，需要的机械动力大。树冠下喷灌，喷灌头架设在树冠下，喷头射程近，喷水范围小，架设的喷头多，需要动力小。喷灌移动性好，灌水效果好，节约灌水量，但是投资大，在经济条件好、地形复杂的地区应用效果好，特别在坡地或破碎地块上应用可减少水土流失，灌溉效果好。在风多和风大的地区采用树冠上喷水，在喷头喷水时易被风刮跑，可改为树冠下喷水。

定位灌溉是对部分土壤进行灌水的一项技术措施。定位灌溉分为滴灌和微量喷灌。滴灌是通过管道系统把水输送到每一株树的树冠下，由滴头将水缓慢地滴入土壤中。微量喷灌是用微喷头将水雾化喷洒在树冠下。定位灌溉只对部分土壤灌水，满足花椒树生长结果对水分的需求，有利于根系吸收，节约用水。同时，可将水溶性肥料加入水中，实现水肥一体化管理，节约肥料和人工，自动化程度高。定位灌溉虽然优点多，但是投资大，根系分布土层上浮，抗旱性降低。在水质硬化度高的地区，滴喷头易堵塞，需经常检修。

土壤水分对花椒树生长结果十分重要，土壤中水分不足时，土壤中的营养元素难溶于水或含量很低，根系不能吸收利用，直接影响花椒枝叶和果实生长发育，严重时花芽不能形成，造成减产。缺水还造成树势衰弱，抵抗力下降，病虫害猖獗。花椒栽培区年降水量多在 400 毫米以上，土壤缺水的主要原因是降水不匀。各地灌水要根据花椒树生长结果需要，结合降水情况，灵活把握灌水时机和灌水量，保证花椒树正常萌芽、开花、抽枝、果实发育、花芽分化、

82

果实成熟等重要生理活动，达到优质高产和经济效益最大化。

二、排水

花椒树不耐涝，短时间积水即造成花椒树死亡。对低洼积水、地势低的花椒园和雨季积水进行排水。花椒园积水造成根系呼吸作用受到抑制，根系死亡或腐烂，吸收能力下降，影响生长和结果，严重时造成死树。我国北方地区冬春干旱，夏秋降水易造成涝灾，应注意夏秋花椒园排水，南方地区应重视梅雨季节和夏季排水。

花椒树多栽植在山区和丘陵区，自然排水良好，只有少数低洼区和河流下游地区有积水和地下水位过高的情况，应修筑排水沟或其他排水工程。在低洼易积水地区，栽植前修筑台田，台面宽 8～10 米，高出地面 0.8～1.0 米，台田之间留出深 1.0～1.2 米的排水沟。在地下水位较高的地块，挖深 1.5 米左右深的排水沟，使地下水位降到 0.8 米以下。低洼易积水的地块挖排水沟，排水沟由总排水沟、干沟和支沟组成，也可埋暗管排水，由干管、支管和排水管组成。

三、节水和保水

花椒多栽植在干旱的山地、丘陵等坡地上，实现丰产、优质，必须进行适时、合理地灌水，而灌水需要投入一定的资金、人力、设施、机具与动力。具备灌水条件的花椒园，如果灌溉方式不合理，可造成人力、物力、能源和水资源浪费，增加生产成本。节水主要是通过灌水方式的革新和灌水后的保水措施，提高水资源利用率，达到节约用水的目的。花椒园漫灌改为喷灌或滴灌，结合地面覆盖保水措施，不仅提高水的利用率，而且减少用水量和灌溉次数。在没有灌水条件的花椒园采取保水措施可明显缓解需水和缺水矛盾。水资源缺乏地区的花椒园建设灌溉设施，投资大，运行成本高，改为蓄水保水措施，投资少，容易实施，效果好。我国采取的节水和保水措施主要有以下几种。

1. 地面覆盖

地面覆盖农膜、秸秆、绿肥、土杂肥，减少土壤水分蒸发，保水效果显著。北方地区冬春季节降水少、干旱、寒冷、风大，土壤水分蒸发量大，造成土壤水分缺失，影响花椒春季萌芽、抽枝、开花坐果。采用地膜覆盖可减少土壤水分蒸发，提高地温，促进花椒树根系生长和对水分的吸收。覆盖秸秆和土杂肥可起到保水、保温和增肥的效应，还可减轻降雨侵蚀地表、减少地表径流、蓄水保墒。覆盖秸秆和土杂肥，取材容易、成本低、易实施，还可减少因燃烧秸秆造成的空气污染，适用于任何花椒园。花椒园间种绿肥，可充分利用行间土地、水分和光能，绿肥刈割后覆盖树盘，在培肥改土、增加有机肥、蓄

水保水、减少水土流失和地表蒸发、减轻地表径流等方面均有良好效果，经济实用、简单易行。

2. 深翻土壤

秋后结合施基肥、清除园地进行土壤深翻。深翻可以改良土壤结构，保持秋、冬季雨雪降水，结合土壤深翻在底部施入粉碎的秸秆等效果更好。为减少土壤水分蒸发，每次灌水或降雨后应及时松土保墒，清除杂草，减少争水、争肥，防止土壤板结，切断土壤毛细管，减少水分蒸发。

3. 改良土壤

沙土地漏水快、保水差，应通过淤土压沙或掺入黏土改良土壤，提高保肥、保水能力。土壤增施有机肥，提高蓄水、保水能力。施入的有机肥分解为有机质，吸附和保持水分，植株缺水时缓慢施放水分，供植株利用。

4. 贮水工程

在干旱少雨的北方地区，降水分配不均，多集中在7—9月，大量降水通过地表径流流失，可以将这些水收集贮藏，待干旱缺水季节再浇入花椒园中。贮水工程大致分为两类，一类是沿树冠外缘垂直投影处挖3～4个口小肚大的贮水穴，其优点是简单易行，投资少见效快，保水贮水效果显著。贮水穴深度60厘米左右，内径30厘米左右，口径不超过20厘米，在穴内放置粉碎的作物秸秆或枯叶杂草，封口于地面，便于集水，封口处用地膜覆盖，中间留一漏水孔，用瓦片将孔盖住，防止水分蒸发，下雨时将瓦片移开（图6-5）。另一类是在地势较低、集雨面较大的地方建设集雨蓄水工程，集雨蓄水工程主要有水窖、水窑、水池等形式。水窖是建在地下的埋藏式蓄水工程，其优点是蒸发量少，建造成本低，水温稳定，水质好。水窖大小要根据集水多少而定，一般30～50米³，形状是口小肚大，断面为圆形，直径和高度的比例1∶（1.5～2.0）。水窑也是埋藏式蓄水工程，具有和水窖同样的优点，水窑是在土的或岩石的崖面底部水平开挖的蓄水工程。水窑的容积比水窖大，最大可达100米³。水池是在地面或地面以上建造的蓄水工程。水池的容积比较大，可达数百至上千立方米，大多数是开敞式的，干旱季节蒸发损失水量较大，但建造成本比较低，多应用于降水多的南方，性状有圆形和方形。蓄水工程建造时要将底面和四壁用砖砌起来，再用水泥粉刷，防止水分渗漏，下雨时打开进水口，让雨水流入，旱季用来灌

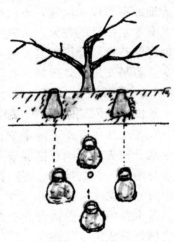

图6-5　贮水穴

84

溉（图6-6～图6-8）。

图6-6 蓄水窖

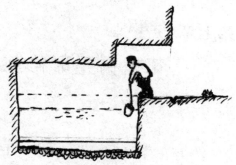

图6-7 蓄水窖

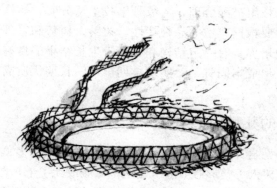

图6-8 蓄水池

第七章
花椒树整形修剪

第一节　整形

　　整形是指通过骨干枝和树形修剪造成特定的树形。通过整形修剪的树冠主、侧枝和结果枝组搭配合理，各级骨干枝主从分明，树体通风透光，结果负载量大。整形要根据花椒的品种特性、树龄、树势和管理条件，通过修剪措施，有目的地培养具有一定结构和有利于生长结果的良好树形，以充分利用空间和光照，形成牢固骨架，实现早期丰产、长期优质高产，并延长盛果年限。

一、花椒的几种树型

　　花椒为灌木型喜光树木，干性较弱，自然生长状态多低矮、基部枝条丛生，因此，花椒树人工整形修剪应考虑主干低矮或无主干，造就各骨干枝分布均匀，主从分明，结构合理。生产上花椒树常见的有3种树形，即多主枝丛状形、自然开心形和自然杯状形。

　　1. 多主枝丛状形

　　多主枝丛状形是花椒产区最常见的树形，成形快，整形简单，易于推广。一般在基部萌生了3～4个方向不同、长势均匀的主枝，主枝的倾斜度50°左右，每个主枝上着生1～2个侧枝，第一侧枝距主枝基部60厘米左右，第二侧枝着生在第一个侧枝的对向，距离第一侧枝60～80厘米，同一级侧枝在同一个方向，主侧枝上着生结果枝组或结果枝。该树形无明显主干，修剪轻，结果早，早期产量高，抗风能力强（图7-1）。

　　2. 自然开心形

　　该树形有明显的主干，主干高40～60厘米，主干上均匀着生3个主枝，主枝开张角度60°～70°，每个主枝上着生2～3个侧枝，第一侧枝距主干40厘米左右，第二侧枝选在第一侧枝对向，相距30厘米左右，第三侧枝选留在第二侧枝对向，相距25～30厘米，同一级侧枝在同一个方向，主、侧枝上着生结果枝组或结果枝。该树形树冠开张、成形快、结果早、通风透光、结果多、质量好（图 7 - 2）。

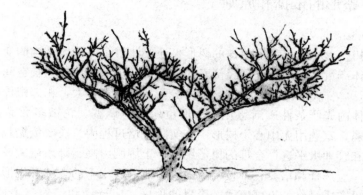

图 7 - 1　多主枝丛状形树形

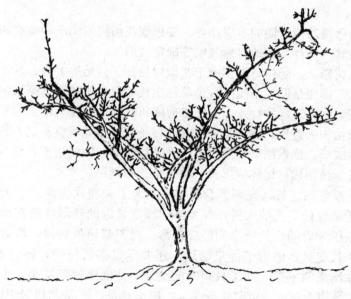

图 7 - 2　自然开心形树形

3. 自然杯状形

定干高度 40～60 厘米，主干上均匀着生 3 个主枝，主枝的开张角度 45°左右，每个主枝着生 1～2 个副主枝，第一副主枝距主干 50 厘米左右，第二副主枝着生在第一副主枝对向，相距 40～50 厘米，同一级副主枝在同一个方向。然后在副主枝上培养 1～2 个侧枝，并在主枝、副主枝、侧枝上着生若干结果枝组或结果枝。自然杯状形与自然开心形相似，自然杯状主枝开张角度小，树势健壮，通风透光好，多用于生长强健的品种整形。

二、整形的依据和原则

1. 整形依据

花椒树整形不仅要考虑单株的树形，还要注重全园群体结构的变化，达到个体和整体产量高、质量优、经济寿命长的目的。幼树单株生长空间充裕，光照条件好，单株树形结构可稍密，随树龄增加，树冠扩大，相邻植株枝条开始交接，树体内光照条件逐渐恶化，树形也应及时调整。花椒多数品种为灌木型，干性弱，宜选用无中心干树形。在实际栽培过程中，还要依据栽植地区的立地条件和管理水平选择合理的树形结构。土壤肥力高、降水量大或灌溉条件好的地区，应选择和培养骨干枝稀疏的大树冠，有主干的自然开心形和杯状形产量高，果实质量优；土壤瘠薄、干旱的地区，应选择和培养多主枝丛状形，树体小，抗旱、结果早、产量高。

2. 整形原则

整形修剪是幼树时期的重要任务，要根据花椒树不同品种类型的生长结果习性、栽培管理条件、当地自然气候等确定树形。

（1）因树修剪、随树整形。由于花椒树品种、树龄等差异，其生长结果状况也有变化，即便是同一果园内各个单株生长情况也不相同，须根据不同树体的生长表现，顺其形状和特点，人工修剪随树就势，诱导成形。如果严格按照预定的树形结构去整形，将不符合要求的枝条全部剪除，重新培养新枝，易导致树体延迟成形，推迟结果年限。因此，随枝整形，因树造型，培养与标准树形相似的骨干枝结构，树体成形快、结果早、易操作。

（2）统筹兼顾、长远规划。合理整形是为了长期优质高产。无论是栽植的幼树，还是放任生长的大树，都要事先预定长远的整形修剪管理计划，这关系到花椒树今后的生长结果和经济寿命。对于栽植的幼树，修剪时要保证骨干枝的生长优势，但为了提早结果，还要尽量多留枝叶，促进形成花枝，做到生长和结果两不误。如果只顾眼前结果，片面强调早结果，多留枝，就会造成树体结构不合理，后期枝条密生，树形紊乱，产量和质量下降。同时，片面强调树形，忽视早结果、早丰产，就会推迟产出，影响栽培效益，因此，整形初期应当统筹兼顾。对放任生长的花椒树做到整形、修剪、结果三者兼顾，不可片面强调整形，大量去枝，造成结果推迟，也不能强调结果而忽视整形。

（3）平衡树势、主从分明。不同树体之间，或同一植株的各类枝条之间，生长总量是不平衡的。主枝与主干、侧枝与主枝、结果枝与侧枝等等，都存在生长不平衡的情况。单株生长大小不平衡，造成林相不整齐，影响全园产量，增加管理难度；主枝之间生长不平衡，形成偏冠，影响单株产量；

侧枝与主枝之间生长不平衡，易扰乱树形，枝条紊乱，影响通风透光；结果枝与侧枝生长不平衡，影响结果数量和果实质量。大枝前后生长不平衡，影响整个枝条的生长结果和小枝均衡分布，枝头生长过强，后部小枝光照差，干枯后形成光秃带；后部生长过旺，枝条密生，通风透光不良，前部生长量小，甚至停长。通过整形修剪，采取抑强扶弱、合理疏截，保持全园单株群体生长一致，各植株树体和各类枝条之间生长平衡，使树体结构有利于生长和高产优质。

三、整形技术

幼树栽植2~5年期间是整形修剪的重要阶段。幼树栽植后营养生长旺盛，树冠扩展快，枝条抽生多，生长量大，培养强壮的骨干主枝，为以后高产稳产打好基础。

1. 多主枝丛状形

幼苗栽植后，在距地面30厘米左右处定干，萌芽后，在不同方向选留3~4个长势均匀、生长健壮的新梢（一般留3个）作主枝，第二年在每个主枝上培养2个长势相近对生的侧枝，各主枝和侧枝上选留若干个交错排列的大、中、小枝组，构成丛状形树形（图7-3）。

2. 自然开心形

幼树栽植后，在距地面40~60厘米饱满芽处定干，萌芽后，在主干40厘米以上选留分布方向均匀的3个新梢作主枝，第二年在每个主枝的两侧交错选留2~3个侧枝，第三年在主枝和侧枝上选留培养大、中、小各类枝组，构成开心形树体结构（图7-4）。

3. 自然杯状形

幼树栽植后，在距地面60厘米左右饱满芽处定干，第一年在主干40厘米以上不同方向培养3个主枝，第二年在每个主枝上部萌生的枝条中选留2个长势相近的副主枝，第三年在每个副主枝上选留1~2个侧枝，各级主枝和侧枝上再培养若干个交错排列的大、中、小枝组，构成丰满的树形。

花椒幼树期生长势强旺，树姿较直立，根系浅，主干不宜留高，树干高40厘米左右即可，树干剪留过高，树冠大易被风刮斜倒，特别是遇狂风暴雨，极易倒伏。栽植当年留有主干的树形，将主干上30厘米以下的萌芽抹掉，保证上部萌芽健壮生长；无主干丛状树形留足主枝数，多余萌芽及时剪除。幼树整形期营养生长健旺，萌芽率高、成枝力强，应注重抹芽、疏枝和开张枝角，辅养枝配备要适当，各类枝条主从关系明确，避免出现枝条密生，树势上强下弱，冠内通风透光不足，影响主、侧枝生长发育和结果枝形成。主干上的主枝上下要有一定间距，呈120°均匀分布，通过生长季节拉枝，使主枝的分布和

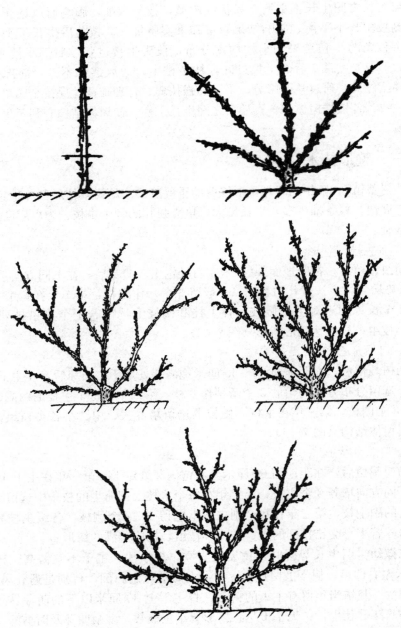

图 7-3　多主枝丛状形整形示意图

开张角度符合树体结构整形要求。要利用夏季枝条生长速度快，摘心或剪梢促
生二次副梢，扩大树冠，加快树冠成形。

　　花椒整形修剪应灵活多样，有利于早结果、早丰产，在生产实践中，椒农

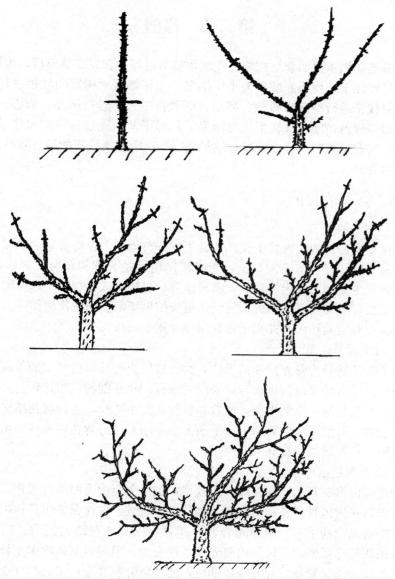

图7-4 自然开心形整形示意图

和技术人员创造了很多可行的整形修剪技术。如河南省伊川县林业局赵万钦对密植花椒园采用"Y"字形整形修剪，即从植株基部选留2个大枝（主枝），拉向行间，对主枝修剪同无主干主枝培养方法，简单明了，易于操作，成形快，结果早，树体受光好，果实质量高。

第二节　修剪

修剪是花椒重要的栽培措施。花椒树整形过程中和完成整形后，为维护树形，保持树体丰产优质和减轻大小年结果，年年都要对树冠的枝梢进行修整，休眠期对枝条进行剪截、疏除、回缩和缓放；生长季进行抹芽、摘心、剪梢、拉枝开角等修剪措施，保持生长与结果的相对平衡。通过修剪使树体早结果、早丰产、高产、稳产、优质、延长结果年限，从而获得较高的经济效益，同时便于栽培管理。

一、修剪的目的

1. 培养合理树形

幼树期通过修剪培养骨干枝，使骨干枝分布均匀，保持合适的从属关系和主枝分枝角度，形成牢固的骨架；对盛果期树维护合理树形延长经济结果寿命；对放任生长的大树因树造形、随树修剪，尽快形成合理的丰产树形，合理分布结果枝；对老弱树重剪更新复壮，延长结果年限。通过修剪使树冠整齐一致，单株占有空间相同，提高土地利用率，便于机械化作业。

2. 合理调节产量

枝条按功能分为营养枝和结果枝，营养枝生长与结果枝结实的矛盾贯穿植株的一生。进入结果后，生长与结果同时进行，相互制约，相互转化。修剪可以调整营养生长与结果的平衡，使营养枝健壮而不徒长，适量成花结实而又不致树势衰弱。对结果枝的剪留可以平衡大小年结果，协调花椒植株的生长与结果，克服大小年结果，提高果实质量。

3. 改善光照条件

合理的树形有利于提高光能利用效率，也避免冠内光照条件恶化。幼树期除按要求培养树体骨架外，对其余辅养枝轻剪缓放，加速营养生长，扩展树冠体积，提高光能利用率，增加光合营养积累，提高成花结实能力；随树龄增长，枝条数量迅猛增加，树冠内膛光照条件变差，通过修剪疏除多余枝叶，改善光照条件，或促发新枝补充空虚部位，使枝条分布合理；树冠相互交接，回缩或疏除中上部外围枝组，保留内部结果枝组，保证全园通风透光。

4. 调节树体营养的合理分配

营养枝、徒长枝生长旺盛，前期消耗营养多，停止生长晚，后期营养积累多；结果枝、短枝生长量小，停止生长早，养分积累多，结果枝因果实生长消耗养分更多。通过修剪调节枝条类型组成，可以调节树体营养分配和消耗与积累的关系，从而达到既能满足必要营养器官的建造消耗，又能促进必要物质积累，保证成花和结实的营养需求。

二、修剪的作用

1. 调节树体生长势

修剪去除了植株的部分枝条，整株的枝叶减少，光合积累物质下降，营养生长补充的物质也减少，单株生长减慢，削弱了植株的生长势。由于剪除了部分枝芽，竞争营养分配的枝芽减少，余下的储备营养集中供给留下的枝芽，使留下的枝芽得到更多的养分供应，生长势加强。修剪提高了根冠比，枝叶量下降，蒸腾减少，修剪后枝条中的水分含量提高。枝条类型不同，输导组织的结构也有所差异，短枝中的网状和孔状导管输水能力弱，而长枝中的环纹和螺纹导管输水能力强，修剪减少了短枝比例，可提高枝条的输水能力，重修剪可提高枝条的含水量，旱坡地花椒植株适当重修剪可提高抗旱性。

2. 调节营养生长与生殖生长

休眠期修剪去掉了部分顶芽和花芽，抑制了生殖生长，结果量减少，营养生长得到加强；生长季节摘心和剪梢抑制了营养生长，枝条生长点减少，赤霉素、细胞分裂素等生长素浓度降低，营养生长变缓，而有利于成花的激素（如乙烯利、脱落酸）相对增高，调节了植物激素比例，花芽比例提高，促进了生殖生长。对幼树枝条剪截，促进发枝快速扩展树冠，加快整形进度；对初结果树轻剪缓放，增加花芽形成，快速提高产量；对盛果期树适当调节结果枝数量，控制大小年结果，提高果实质量；对衰老树实行重修剪，加快更新复壮，延长经济结果寿命。

3. 调节群体与个体的生长势

受各种因素的影响，单株之间，单株主、侧枝之间生长存在差异，造成一个果园树体间或单株各部位不能均衡生长，也不利于栽培管理。通过修剪控制单株树冠大小和生长势，使每一个植株个体占据的空间和树体生长势均衡生长，保持全园群体整齐，提高单位面积产量和质量。通过修剪控制单株各主、侧枝生长均衡，防止内膛枝条过密或光秃无枝，保持树形丰满，生长健壮，高产优质。

三、修剪的依据

1. 品种习性

品种不同，其生长结果习性也不相同，不同品种在同样剪截程度下，生长势、萌芽率、成枝力、成花状况等指标都有明显的差异。因此，根据不同品种的特性，切合实际，采取合理的修剪方法，才能达到预期修剪目的。花椒整形修剪过程中，必须根据品种生长结果特性，因势利导，培养合理的树形，配备

合适数量的各类枝，保证早结果、早丰产、高产优质。

2. 树龄和树势

幼树至结果期，一般树势偏旺，成枝力强，萌芽率低，枝条生长多直立；盛果期树生长中庸或偏弱，萌芽率提高，枝条生长量减少；衰老期树势弱，多数枝条生长量很小，徒长枝数量增多。幼树期修剪以整形和培养结果枝为主，对主枝延长枝中短截，形成牢固的树体骨架，快速扩展树冠，对辅养枝轻剪长放，转化为结果枝和结果枝组。盛果期树修剪主要围绕高产、稳产和延长结果年限进行，修剪过程中要控制树冠大小，维护、培养、更新结果枝和结果枝组，控制大小年结果，保证果实优质。衰老树要更新复壮，利用徒长枝培养新的主枝和结果枝组，恢复树势，延长结果寿命。

3. 修剪反应

花椒树修剪反应是制订修剪方案的重要依据。受枝条着生位置、着生角度、长势强弱等因素影响，采用同种修剪方法修剪的花椒树，剪截后萌芽数量、成枝类型、枝条生长量、花芽形成数量和结果数量有很大的差异。观察枝条剪截后的生长反应，包括萌芽率、成枝力、枝类比例、花枝率、结果枝数量和比例等等，大枝或枝组回缩修剪的生长反应，包括剪口（锯口）下枝条生长、成花和结果情况。整株修剪量对树势和结果量的影响是判断修剪方法和修剪量是否合理的标准。按照预期的目标，参照不同生长情况单株的修剪反应，统筹全园树体生长与结果，确定合理的修剪方法和修剪量。

4. 栽培管理水平

栽培管理条件对花椒树生长结果影响很大，修剪时应视树体管理水平而定。如在管理水平差、生长量小、树势弱的花椒园，应采用多主枝丛状形，修剪应偏重些，多截少疏，维护或复壮树势，防止结果部位外移。在肥、水管理水平高的花椒园，树体生长量大，树势强，宜选用主干开心形或杯状形，修剪应轻，少截多疏，保持透光。加强夏季修剪，促花结实，以果压冠，保持树体丰满健壮，丰产优质。密植园宜采用小树冠、枝密而小，提高结果枝比例，以果压冠，保证通风透光。稀植园采用大树冠，主枝骨架要分布合理，辅养枝和结果枝适度轻剪长放，过密部分应以疏剪为主，做到"大枝稀楞楞，小枝闹哄哄"。

5. 生态条件

生态条件不同，同一品种物候期和生长结果差异很大。在温暖、多雨的地区，树势强旺，枝条生长量大，生长期延长，对修剪反应比较敏感，需要轻剪长放，适当疏枝，加强夏季修剪，控制树势，促进结果；对干燥冷凉和降雨较少的地区，生长势往往较弱，修剪反应较缓和，剪截后的枝条总生长量小，可以多截少疏，维护树势健壮，防止树体因结果而早衰。

四、修剪技术

1. 短截

短截是把枝条剪短，即剪去1年生枝条的一部分。短截刺激剪口下部留芽萌生，促生剪口下部芽萌发，增加分枝能力，调整发枝部位和枝条生长方向，增强新梢生长势。短截分为1年生枝剪截和多年生枝缩剪，培养树体主侧枝骨架、结果枝组，老树更新复壮。短截可削弱全树或全枝的生长势，对剪口下部枝芽具有促生作用。枝条短截后，对枝干及根系生长具有先抑后促效应。短截减少了树体的枝叶量，光合物质减少，生长受到抑制，而剪口下枝条生长势旺，后期枝叶多，生长量大，光合物质积累也多，修剪量越重对剪口下枝条萌生影响越大。但全树短截过多、过重，会造成枝条密生，光照变差，树势削弱。对幼树、旺树应轻短截，使枝条生长缓和，向开花结果转化；对弱树、衰老树应重短截，集中养分，增强树势。连续2～3年的轻剪短截或缓放，可使树势生长缓和，结果量增加，反之，树势转旺，结果量减少。短截按照枝条剪留长短可分为轻短截、中短截、重短截和极重短截。

轻度短截：剪去枝条的少部分（一般剪去枝条全长的1/5～1/4），剪口下萌生较多的中、短枝，单枝生长势缓和，总生长量增加，有利于成花结果。多用于辅养枝及初结果期树修剪（图7-5）。

图7-5　轻度短截

中度短截：在枝条的饱满芽处（一般在枝条的1/2处）短截，剪口下萌生较多的中、长枝，单枝生长势较强，有利于扩展树冠。多用于延长枝修剪（图7-6）。

重度短截：在枝条的中下部位（一般在枝条的2/3处）饱满芽处短截，剪口下可萌生较强旺的枝条，生长势强，总生长量减少。多用于大、中型结果枝组的培养和更新改造（图7-7）。

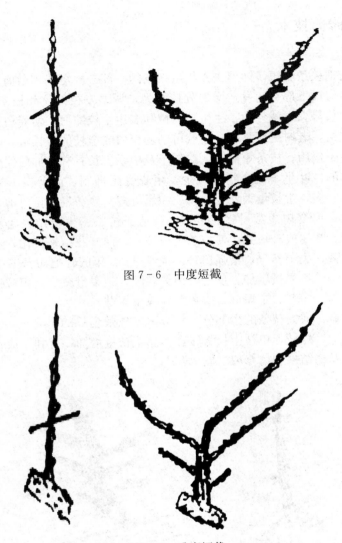

图 7-6　中度短截

图 7-7　重度短截

　　极重度短截：仅留枝条基部几个瘪芽短截，促发弱枝，早成花。短截留下的芽较饱满，若品种生长势强，也能萌生旺枝（图 7-8）。

　　2. 疏枝

　　即枝条从基部剪除。疏枝是改善树冠通风透光的重要措施，疏除树冠内膛过密枝、细弱枝、病虫枝、干枯枝，使树冠内膛和中下部光照良好，提高树冠内结果枝数量，达到树冠立体结果的目的。疏枝虽然改善了通风透光条件，但大量疏枝，或疏除大枝、强旺枝会造成树势变弱，特别是疏枝造成的伤口会阻止养分运输，削弱树势，同时，伤口附近易萌芽抽枝，扰乱树形，春季要及时抹除伤口萌芽。疏枝还要依据树势强弱，树势强旺可适当多疏枝，树势弱可少疏枝或不疏枝。修剪实际运用疏枝过程中，可通过疏枝量控制和平衡树势，也可以调控主枝之间和树冠上下的长势平衡。

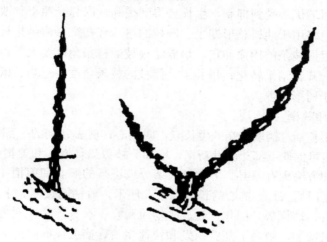

图 7-8 极重度短截

3. 缩剪

缩剪是对多年生枝的回缩短截。缩剪有增强弱枝的生长势、降低结果部位、改善光照条件、控制树冠和枝组扩展等作用。缩剪越重对树势削弱越大，对后部枝条生长和潜伏芽萌发的促进作用越明显；从缩剪的枝条看，缩剪反应与修剪枝的强弱、多少及剪口下芽子的饱满程度有关。如果缩剪部位枝条生长强壮，缩剪量大，剪口枝生长势就强；缩剪枝量少，对剪口枝的削弱就轻，留下的剪口枝生长势不旺，缩剪后效果比较明显。因此，对初结果的花椒树枝头缩剪要轻，防止因缩剪留下的枝条生长过旺，结果枝减少，影响产量；衰弱老树的枝头缩剪量要大，便于留下的枝复壮，延长结果寿命。缩剪部位最好选在分枝处短截，有利于调节该枝的生长与结果。

4. 长放

使枝条自然生长，连续几年未经修剪的枝条称长放，也叫甩放、缓放。长放具有缓和枝条生长势和减低成枝力的作用，利于成花结实。一般多用于处理幼旺花椒树的枝条，可使旺盛生长转变为中庸生长，增加枝量，缓和生长势，尽快开花结果。长放的枝条应占据一定的空间，对直立的旺枝应拉成平斜状，克服下部光秃，缓和生长势。为了尽快成花结果，对长放的枝进行刻芽、多道环刻和拉枝等措施，效果更好。枝条经过多年长放成为结果枝组后，要进行回缩修剪，培养成为健壮的结果枝组或长轴大枝。长放虽然能促进幼树结果，但

过度长放易造成结果部位外移快，树体占据面积大，后期产量和质量下降，延迟幼树整形成形。因此，长放修剪要和回缩修剪有机结合。

5. 开角

即用撑、拉、压、坠等方法，使枝角向外或变向生长的措施。开角使枝条角度增大，顶端优势受到抑制，生长势得到缓和，内膛光照得到改善，又可扩展树冠。开角多用于幼树整形期主、侧枝的培养和初结果树结果枝的培养。开角的角度要根据枝条的用途而定，培养结果枝的枝条角度要大，以便有效抑制枝条生长，向开花结果转化；培养主、侧枝的枝条角度要适当，既要保持生长势，又要利于树形培养。

6. 摘心和剪梢

在枝条生长期，摘取先端的生长点，叫摘心；剪去新梢的一部分，叫剪梢。摘心和剪梢后可促使下部芽萌发新梢，增加分枝数量，摘心和剪梢的目的不同，采取的时间和方法也有差异。为增加枝条分枝进行的摘心和剪梢要待新梢超过所需要的长度以后进行，摘心的长度大于 5 厘米，剪梢的长度大于 15 厘米，使新梢顶部失去顶端优势，同化产物、矿物质元素、水分等物质对摘心或剪梢处下部芽供给量增加，刺激下部芽萌发和快速生长，摘去或剪除的新梢越长作用越明显。抑制新梢生长、增粗充实枝条的摘心或剪梢应及早进行，摘去或剪除的新梢长度宜短，一般新梢长度在 20 厘米以上时即可进行，摘心长度 2～3 厘米，剪梢长度不超过 10 厘米。轻摘心和剪梢使新梢内赤霉素、生长素含量减少，新梢生长暂时停止，养分多蓄积于已形成的下部枝芽和叶片内，使下部枝芽充实，叶片肥厚。当摘心或剪梢处萌发二次枝，待二次枝长到预期的长度时可再次摘心或剪梢，通过连续的摘心或剪梢可迅速增加枝条的分枝量，易形成结果枝，促使营养生长向生殖生长转化。摘心的作用轻于剪梢，摘心多用于前期抑制新梢生长，剪梢多用于生长中期增加新梢分生枝条或改善冠内光照条件。摘心和剪梢对于幼旺树应用效果较好，幼弱树、结果大树和衰老树不适用。

7. 抹芽和除梢

萌芽将密生或位置不当的幼芽去除，叫抹芽。萌芽长成嫩枝时去除，叫除梢。徒长枝或大枝剪去后，剪口附近簇生的多数隐芽在春季萌发后及时除去，可节省养分，免除以后密生影响通风透光，也减轻冬季修剪量。新枝形成后，对于妨碍主、侧枝、延长枝生长的萌枝，如竞争枝等等，及早除去，有利于主、侧枝的生长。对于新梢过密、过弱的直立枝、徒长枝等枝条及时除去，以免影响其他枝生长发育和通风透光，同时也减少养分消耗。

五、更新修剪

更新修剪多用于衰老树、弱树的更新复壮。花椒树盛果期 20 年左右，结果后期树冠结果部位外移，部分大枝生长枯弱，一般衰老树的骨干枝延长枝头每年生长量低于 20 厘米，树体明显衰老，应及时缩剪并疏除衰弱的枝条，恢复树势，延长结果年限。

严重的衰老树应大量重回缩主、侧枝和大、中枝组，促生萌发旺枝。对树势弱的枝要去弱留强、去小留大，多留背上结果枝。充分利用徒长枝，通过短截培养，代替主枝结果。修剪的大伤口及时涂抹保护剂，减少水分散失和病害侵入，同时加强土壤管理，复壮树势。

第三节　不同树龄时期的修剪

花椒树从栽植到树体衰老，要经过幼树期、生长初果期、盛果期、衰老期等树龄时期。每个树龄时期的树形特点、修剪特性都存在差异，对修剪技术的要求也不相同。幼树期和生长初果期修剪的主要任务是整形和提早结果；盛果期树修剪的主要任务是维护树形结构，调节生长和结果的矛盾，达到优质丰产和预防树势早衰，延长结果期年限；衰老期修剪主要是恢复树势，延长经济寿命。对于放任生长的树虽能结果，结果部位外移快，内膛容易空虚，有效结果面积小，产量低、质量差。对放任生长的树要随树造形，改造和完善树形，培养丰满树体，满足丰产优质的树体结构。

一、幼树及初果期树的修剪

幼树期修剪主要以培养树形和扩展树冠为目标，又叫整形修剪。花椒根据培养树形结构的要求，选留和培养各级骨干枝，构成树体骨架。花椒为灌木型木本植物，顶端优势不强，干性弱，直接由基部萌生的大枝作主枝构成树冠，或虽有主干，但主干不明显，仅有 30～50 厘米高，从主干萌生 3～4 个大枝作主枝，构成树冠。

幼树修剪方法因不同品种类群的生长发育特点和树形结构不同而存在差异。生长势强的品种分枝角度小，枝条较直立，易选主、侧枝，生长势弱的品种通过短截增强延长枝生长势和生长量，再从中选留主、侧枝。注意控制背上枝、疏除过密枝、去除下垂枝，可通过新梢摘心或剪梢增加发芽数量、培养结果枝，尽快完成幼树整形，向结果期转化。

1. 主枝和侧枝的修剪

幼树各主枝和侧枝每年都要短截，保持主枝延长枝的生长势。无主干树形的主枝，栽植当年 6 月中下旬选定 3～4 个生长健旺的枝作主枝，其余枝从基部剪除。选留的主枝高生长超过 1 米时摘心或剪梢，摘心或剪梢处留外芽，以便新梢开张角度，不够 1 米的主枝冬季修剪时在饱满芽处短截，同样是剪口下

第一芽留外芽，剪口应在芽上方2厘米处剪截，以免剪口太近影响芽萌发和生长，剪口应为平口，减少水分蒸发。放任生长的植株，主枝冬剪，在长度为80厘米时，选饱满芽处短截，促生分枝。第二年主枝延长枝超过60厘米时摘心或剪梢促生分枝，主枝上可在适当的位置选留侧枝，其他枝条80厘米左右时，轻摘心抑制生长，作辅养枝或培养结果枝组。有主干树形选留主枝，定干后选留剪口下生长强旺的枝作主枝，主枝间距15厘米左右，分布均匀，其余枝可作辅养枝或疏除，当主枝长到80厘米左右时摘心，促发二次枝，当年生主枝未达到60厘米的，冬剪时在饱满芽处短截，翌年长到80厘米时留外芽摘心，其余枝可重摘心或剪梢，培养结果枝组。主枝延长枝修剪十分重要，延长枝剪留的长度要根据植株的生长势、树形、栽培管理、立地条件等因素，以及前一年的修剪生长反应决定。主枝剪留过长，易形成结果枝，影响树冠扩展；主枝剪留过短，延长枝生长偏旺，推迟树体成形，影响后期产量。培养主枝时要注意各主枝间生长平衡，使主枝高低、大小、生长势等指标尽量一致，主枝的分布要均匀，相邻单株的主枝方向尽可能一致，便于管理，保持通风透光。当主枝大小和生长势不平衡时，对生长量大、长势强的主枝，可以通过疏枝、剪梢、开角、环切等措施削弱生长势和生长速度。对生长量小，长势弱的主枝可以采取多留辅养枝、抬高枝角等措施增强生长势和提高生长量。

主枝选留后应在主枝上培养2~3个侧枝。春季主枝萌芽后将剪口下竞争枝、直立向上枝抹除，并将主枝开张45°~60°。无主干树形的主枝基角开张30°左右，腰角开张40°左右，梢角开张50°左右，将下部40厘米以下萌芽抹除，在主枝80~100厘米区间选留1个斜向生长的壮枝作侧枝，其余枝条可作辅养枝，疏除过密枝、背上枝。为保证侧枝健壮生长，对其他枝可通过轻摘心、开张角度等措施抑制长势、增加分枝、扩大树冠，以利于提早进入结果期。选留的侧枝，新梢长到40~50厘米时摘心，促生分枝，通过连续摘心或冬季短截在侧枝上培养数个结果枝和结果枝组。对主枝延长枝在60厘米左右处摘心或冬季短截，上述方法均在第一个侧枝的对向培养第二侧枝。如果空间允许还可在第二侧枝对向培养第三侧枝。有主干树形的主枝开张角度60°左右，当主枝长到70~80厘米时摘心，促发二次枝，选留1个斜向生长的壮枝作侧枝，侧枝距主干40厘米以上，翌年对主枝延长枝短截，在第一侧枝对向选留第二侧枝，两侧枝相距30厘米，以此类推选留第三侧枝。多数情况下1个主枝配备2~3个侧枝。对生长量小的花椒树，主枝长度达不到60厘米，冬剪时选饱满芽处短截，以上述方法选留和培养侧枝。杯状形树型每个主枝配备3~5个侧枝，按照开心形的修剪方法选留和培养侧枝。主、侧枝以外的枝条，凡重叠、交叉，或影响主、侧枝生长的枝条应从基部疏除，不影响主、侧枝生长的枝条加以控长，促使开花结果。幼树期冬剪结合夏剪十分必要，仅靠冬剪修剪量大，翌年发枝多，树势旺，结果晚，通过春季抹芽，夏剪摘心、剪梢、拉枝开角可扩大树冠，缓和树势，促使早结果、早丰产。花椒树在整形修剪过程中上部枝条因摘心、剪梢、短截等措施抑制了生长势，基部易发生萌蘗，应及时去除萌蘗，确保整形修剪效果。为保证通风透光和树体各级枝条生长平衡，主枝中上部开张角度要加大，侧枝由基部向上逐渐变小，树体整体下大上小，内密外稀。

2. 结果枝的培养与修剪

幼树整形过程中随着树冠扩展和枝条数量增加，枝条的生长势渐渐缓和，由营养生长向生殖生长转化，结果枝比例逐年提高。为尽快提高产量，在对幼树整形修剪的同时，通过短截、摘心、开张枝角、环切等修剪措施，加快枝芽的成花量。幼树期除主侧枝外，还留有大量辅养枝，以增加树体枝叶量，促进树体生长和扩展，当幼树进入结果初期，可以利用辅养枝通过缓放和修剪培养转化为结果枝或结果枝组。辅养枝无生长空间时应疏除，不影响主侧枝生长的辅养枝，而且有足够的生长空间，可以轻剪缓放，增加结果量。辅养枝视发展空间情况决定疏留去向，空间大可去弱留强或短截促生分枝培养大型结果枝组，空间小可去强留弱，适当疏枝，轻回缩或单轴延伸，培养成小的结果枝组。在主、侧枝有生长空间的地方，根据空间大小，利用辅养枝培养数量不等的大、中、小结果枝组。对一年生辅养枝缓放，待结果后逐年回缩培养成 2～5 个结果枝的小结果枝组；对发展空间大的辅养枝中、重度短截，促生强壮枝，连续短截后占据生长空间，通过轻剪缓放、拉枝开角培养具有 10～30 个分枝的中型结果枝组；用同样的方法，也可以培养具有 30 个以上分枝的大型结果枝组。

结果枝组的培养是通过连续多年修剪形成，一般采用先长放后回缩，或先短截后长放，也可以连年短截培养结果枝组。对于较弱的中庸枝缓放后可以形成多个小枝，第二年小枝结果后在适当的位置回缩，可以培养成中小结果枝组（图 7 - 9）；对粗壮枝进行重度短截，促生分枝，长放后形成较多的结果小枝，待结果后回缩，培养中型结果枝组（图 7 - 10）；对较粗壮的枝条进行连续多年短截，形成多级结果枝，培养大型结果枝组（图 7 - 11）。采用哪种方法要根据树龄、树势、栽培密度和综合管理水平，灵活应用。

幼树期向初结果期转化，树势由强旺逐渐转向生长缓和，抹去直立枝的结果枝，留取斜生的结果枝。花椒连续结果能力强，进入大量结果期后，以短果枝结果为主，为保证高产优质可在主、侧枝中下部位错落配置大、中型结果枝组，充分利用空间，防止基部和内膛光秃，达到内外立体结果的目的。初果期树生长势比较旺盛，各级枝组的新梢生长量大，树冠枝条过密常常交叉，此期修剪结合整形，调节主、侧枝，结果枝组的生长发育均衡，疏去平行枝、下重

枝、交叉枝、病弱枝等等，轻度修剪，少行短截，促使初果期向盛果期平稳
过渡。

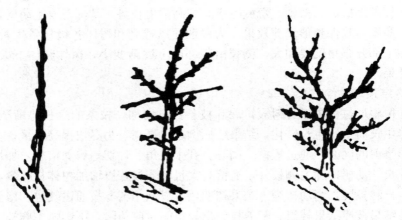

图 7-9　结果枝组培养（先长放后回缩）

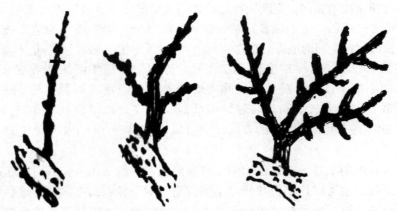

图 7-10　结果枝组培养（先短截后长放）

图 7-11　培养结果枝组（连年短截）

二、盛果期修剪

花椒树进入结果盛期冠内各级枝组延长生长量大大减退，结果枝大量形成，产量急骤增加，树势逐渐缓和，趋于稳定，修剪的任务主要是调节生长和结果之间的平衡。进入盛果期，树姿开张，生长势随产量增加而逐渐减弱，产量达最大值时，树冠生长也最旺，生长和结果的矛盾日益突出，此时，若产量过高，生长势会迅速减退，提前进入衰老期，缩短结果寿命；若结果量少，树势生长过旺，树冠扩展快，通风透光不良，经济效益差。通过修剪调节树体生长和结果的关系，维持健壮的生长树势和较高的结果量，调整各类结果枝组，更新和培养结果枝组，延长结果枝组的结果年限和连续结果能力，实现盛果期花椒树的优质、高产、稳产。

1. 骨干枝

盛果初期株、行间空隙还比较大，选留强枝带头（图 7 - 12）。对延长枝采取短截，保持延长枝生长势，继续扩展树冠，同时在主、侧枝等骨干枝上对结果枝组生长势和大小进行控制，调节骨干枝生长与结果之间的关系，保持骨干枝延长头健壮生长，保证结果量逐年增长。进入盛果期后，株、行间隙被树冠占据，树冠体积达最大，结果枝比例明显提高，骨干枝生长势减弱，可用强壮枝带头，保持骨干枝的生长势（图 7 - 13）。通过延长枝回缩、换头等措施保持骨干枝生长势健壮，提高负载能力，使树冠占据一定的范围。对外围枝适当疏剪，保持冠内通风透光；疏前促后，平衡骨干枝生长和结果。盛果后期，各级骨干枝生长势变弱，枝头下垂，适当重度回缩，抬高枝头，复壮生长势（图 7 - 14）。对冠内结果发育枝去弱留强、去斜留直、先放后缩的方法培养中、小型结果枝组。保持主枝之间生长均衡和各级骨干枝的从属关系，采取扶强去弱的修剪方法，增强树势，维护良好的树体结构。

图 7 - 12　骨干枝强枝带头

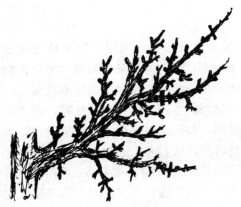

图 7 - 13 骨干枝强壮枝带头　　　　图 7 - 14 回缩下垂枝抬高枝头

2. 结果枝的修剪

盛果期修剪主要是加强结果枝组的培养，扩大结果部位，防止结果部位外移，调节大小年结果。在树冠有空间的地方，继续培育结果枝或结果枝组，结果枝组的大、中、小要配置适当，按空间均匀分布在各级主、侧枝上。在树冠内的分布排列一般是里大外小、下多上少，使内膛不空，外围不密，保持良好的通风透光。对结果枝或结果枝组通过修剪不断调整，对延伸过长、长势衰弱的结果枝或结果枝组及时短截复壮，维持其生长结果能力。结果枝或结果枝组过密，影响通风透光，花芽形成少，发育不良，果穗小，产量和质量低；结果枝或结果枝组稀，树体不丰满，结果量少，产量低。丰产树的结果枝组大、中、小比例为 1：3：（8～10），长果枝占 10% 左右，中果枝占 30% 左右，短果枝 60% 左右，每平方米着生结果枝大于 200 个。进入盛果期，结果枝或结果枝组连续几年结果逐渐衰弱，要及时疏除细弱的结果枝，保留强壮的结果枝，疏除背下和侧下结果枝，保留侧上和背上结果枝，对部分结果枝短截促生新结果枝。中型结果枝组选用强枝带头，超过一定的长度及时回缩，防止后部衰弱光秃。大型结果枝组控制生长势，调整生长方向，对侧生枝抬高枝头角度，适度回缩，控制长度，将直立枝引向两侧，防止生长过强，引起前后生长不平衡，造成枝组前强后弱或前弱后强。要控制各级骨干枝生长平衡，通过拉枝、剪留枝数量、结果数量保持骨干枝的主从关系，回缩延伸过长、过高和生长过弱的枝组，疏除过密的细弱枝，提高中、长果枝比例，提高枝组的结实能力。骨干枝角度小，枝头过高，生长过旺，容易造成后部生长过弱，引起枝组衰弱枯死，结果部位外移，后部光秃，产量下降，因此，要控制枝头生长势，压低枝头，削弱顶端优势，促进后部生长。根据预期产量留取结果枝，大年适当疏除部分结果枝，疏除的原则是疏弱留长，疏短留长；小年尽量保留结果枝，适当疏除无花枝，削弱营养生长，强化生殖生长。

3. 徒长枝的利用与修剪

随着树龄和结果量的增加，树势逐渐变弱，从根颈和内膛主枝上易发生徒长枝。徒长枝消耗养分大，生长量大，扰乱树形，影响通风透光。大多数徒长枝要及时抹掉或疏除，内膛空虚或骨干枝因病虫害受损的树体，可利用徒长枝培养成结果枝或替代骨干枝。徒长枝比较直立，生长强旺，生长量大，培养结果枝组要拉枝开角，轻剪长放，缓和生长势，待生长势缓和结果后逐渐回缩，根据空间大小培养成结果枝组，一般利用徒长枝培养大、中型结果枝组。徒长枝替代骨干枝需要短截，在适当长度处留较饱满的芽短截，刺激萌生壮枝，按骨干枝培养方法和要求进行修剪。

三、衰老树修剪

花椒树进入衰老期表现外围枝生长量明显减弱，小枝干枯严重，骨干枝先端下垂，个别大枝枯死，同时萌发大量徒长枝，出现自然更新现象，产量显著降低。为了延长结果年限，对衰老树应及时进行更新复壮。

主干更新，将树体主干及全株锯掉，利用基部萌蘖徒长枝重新定干，培养新的树冠，使其进入结果期。主枝更新，在主枝的适当部位进行回缩，使其形成新的主枝。一般回缩部位选在主枝干枯的位置，或距主干 40～50 厘米处，其余部分锯掉，促使锯口附近发枝，每个主枝上选留 1～2 个侧枝，侧枝上配置结果枝组。也可以利用徒长枝替代主枝进行更新。侧枝更新，将侧枝在适当的部位回缩，使其发枝，培养结果枝组，树冠和产量恢复快。对保留在侧枝上的结果枝或结果枝组重回缩，复壮结果枝。疏除所有的病虫枝、枯死枝、下垂枝等枝干。衰老树的更新修剪应根据花椒树的衰老程度和管理条件选择适宜的方法，达到延长结果年限，提高经济寿命的目的。

四、放任树修剪

多年不加管理的花椒树任其生长，枝条丛生，树形紊乱，先端衰弱，枝条下垂，枯死枝较多，内膛空虚，结果部位外移，产量低劣。对放任树要通过修剪逐年改造。

放任树的树形复杂多样，应因树修剪，随枝作形。首先要疏除扰乱树形的徒长枝、过密枝，重点疏除重叠枝、交叉枝、并生枝、病虫枝和干枯枝。留下的大枝要分布均匀，互不影响，有利于树形的改造和培养。一般花椒多改造成自然开心形，丛状生的花椒树多改造成无主干丛状形。对主干明显的单株，在主干上选择分布均匀、长势基本一致的 3～4 个主枝，通过拉枝开张枝角，对部分枝条短截培养结果枝组，对过长枝、弱枝回缩，疏除细弱枝、下垂枝，对

徒长枝摘心和拉枝开角培养成为结果枝组。对比较衰弱的植株要适当抬高枝头，去弱留强、去小留大、去斜留直，复壮树势。对外围密生枝适当疏除，利用内膛徒长枝培养结果枝组，填补内膛空间，使树冠内外结果。放任树一次不可疏枝过多，否则易引起树势变弱，结果量减少，树势生长失去平衡。放任树修剪要根据树龄、树势而定，幼龄树和生长势较强的单株以疏枝修剪为主，轻剪缓放，多形成结果枝，充分利用辅养枝、徒长枝培养结果枝组，提高结果枝比例，尽快进入丰产期。对主枝延长头中短截，背上枝拉枝、开角，迅速扩展树冠，占据空间，满足丰产的树体要求。对放任生长的盛果期以短截和疏剪为主，维持结果枝组生长，调整树体结构，控制树冠扩展，强壮结果枝组，增加结果量。放任的衰弱树以短截和回缩修剪为主，疏除细弱枝和枯死枝，短截结果枝，对结果枝组适当回缩，充分利用徒长枝，经过短截培养结果枝组，疏除背下枝，适当选留背上结果枝，多留侧上结果枝，强壮树势，迅速恢复产量。在合理修剪的同时，也要加强放任树的肥水管理，才能达到优质高产的目的。

第八章 🌿

花椒病虫害防治与灾害防护

病虫危害不仅使树体生长衰弱，而且严重影响果实的产量和质量。经调查，危害花椒树的害虫有 180 余种，危害花椒的病害有 30 余种。除病虫之外，还有啃食花椒枝梢和苗木的鼠类等等。病虫害防治是花椒生长和丰产的重要保障，应遵循"预防为主，综合防治"的原则。要根据当地的气候特点、地理环境、栽培品种、病虫种类、发生规律，在病虫发生之初或未造成明显危害之前及时采取科学的防治措施，防止病虫害扩散蔓延和持续危害；采取农业生态控制、物理防控、生物控制、化学杀灭等综合措施，把病虫危害的程度降低到经济允许水平之下。

第一节　花椒病害与防治

一、花椒炭疽病

花椒炭疽病在陕西、四川、甘肃、山西、河南、山东等省份均有不同程度的发生，危害果实、叶片及嫩梢等器官。危害严重时，每个果实上有 3～10 个病斑，果实脱落，一般减产 20%左右，严重时在 50%以上。

1. 危害症状

发病初期，果实表面出现不规则的褐色小斑点，随着病情的发展，病斑变成深褐色至黑色，圆形或近圆形，中央下陷。天气干燥时，病斑中央呈灰色或灰白色，许多褐色至黑色小点呈轮纹状排列。如遇高温阴雨天气，病斑上的小黑点变为粉红色小突起，即病菌分生孢子堆，可由果实向新梢、嫩叶上扩展。病菌在病果、枯梢及病叶中越冬，翌年侵染幼果、嫩梢、叶片，病原菌的分生孢子借助风、雨、昆虫等介质进行传播，一年中可多次侵染危害。6—7 月开始发病，8 月为发病盛期。高温、高湿条件下发病严重，造成大量落果落叶。

2. 防治方法

（1）清除病源。清除病果、病叶、病枝和落叶，减少病源传染。

（2）发病前喷药防治。惊蛰前后全园喷布 3～5 波美度石硫合剂，或 30%机油石硫合剂 400～600 倍液，5 月底全树喷施 1:1:200 的波尔多液，以后

每隔 15～20 天再喷 1 次。

（3）发病期防治。发病初期的树体，可喷布 50％多菌灵可湿性粉剂 800～1 000 倍液，或 75％百菌清可湿性粉剂 600 倍液，或 1∶1∶200 波尔多液，交替喷施。发病严重的树体，可喷施 80％炭疽福美可湿性粉剂 500 倍液，或 10％世高水分散颗粒剂 3 500～4 000 倍液。

（4）增施有机肥，加强管理，增强树势，合理密植，强化修剪，保持通风透光。

二、花椒锈病

花椒锈病在四川、湖北、湖南、陕西、甘肃等产区普遍发生，是危害花椒生长结果的重要病害。发病株率 30％～60％，重病区发病株率在 80％～100％。往往造成果实采摘前后严重落叶，引起再次萌发新叶而过分消耗营养。严重影响当年产量和翌年结果，使树体生长势变弱。

1. 危害症状

主要危害叶片，偶尔也危害叶柄。发病初期，在叶片正面出现直径为 2～3 毫米的水浸状褪绿斑，与病斑相对应的叶背面出现圆形黄褐色疱状物——夏孢子堆。在较大的孢子堆周围往往出现许多小的夏孢子堆，排列成环状或散生。这些疱状物破裂后释放出橘黄色粉状夏孢子。发病后期在叶片正面病斑发展成黑褐色坏死斑。深秋叶背面产生褐色或橙红色蜡质冬孢子堆，呈圆形或长圆形，排列成环状或散生。严重时病斑增多，扩展到全叶，使叶片枯黄脱落。

2. 发病规律

病菌以夏孢子随气流传播在花椒上不断再侵染，病害发展很快。发生时间与严重程度因地区、气候不同而有差异，雨水多、栽植密度大的地区发病严重。秦岭以南地区每年 6 月上中旬开始发病，秦岭以北地区每年 6 月下旬至 8 月上旬开始发病。阴雨天数多的容易发病，少雨干旱的发病轻。树势强壮发病较轻，树势衰弱发病较重。树冠下部的叶片先染病，逐渐向树冠上部扩散。锈病发生与 6—8 月降雨相关，若连续阴天降雨容易流行、爆发，温度凉爽容易流行发病，高湿的条件下孢子易侵染叶片，发病重。气候条件适应病菌生长，病菌繁殖较快，再侵染频繁。大红袍品种易染病，危害重，枸椒染病少，抗病强。

3. 防治方法

（1）花椒发芽前清除病枝、落叶、杂草等病源携带物，萌芽前 2 周全园喷洒 3～5 波美度石硫合剂，或 30％机油石硫合剂 600 倍液。

（2）6 月初发病前，全树喷布 1∶1∶200 倍波尔多液，或 65％代森锰锌可湿性粉剂 500 倍液进行防治，每隔 2～3 周喷布 1 次，雨后及时补喷。

（3）染病树全株喷施 25％粉锈宁可湿性粉剂 1 000 倍液，或 50％退菌持可湿性粉剂 800 倍液，或 25％戊唑醇 1 500 倍液。

（4）加强管理，多施有机肥增强树势，提高抗病能力。发病严重的地区栽植抗病品种。

三、花椒褐斑病

该病主要危害花椒的叶片，染病叶片逐渐黄枯脱落，又称黄斑病。河南、河北、陕西、甘肃、四川等花椒产区均有发生，造成减产，品质下降，并影响翌年产量。

1. 危害症状

叶片染病后产生黄色水渍状圆形小斑点，边缘不明显，叶片背面对应部分呈现褪绿斑。病斑扩大后，呈淡褐色、褐色的近圆形或不规则形斑块，中心颜色较深，直径大小不一，一般 3～10 毫米。叶背产生深灰色绒状霉层，主脉附近霉层密而多。多个病斑连成大病斑，导致叶枯黄脱落。

2. 发病规律

菌丝体、子座在落叶上越冬，翌年 5 月上旬产生孢子侵染叶片。一年中可多次侵染叶片，当气温 20～30℃时菌丝体生长较快，5 月底至 6 月上中旬、8 月上旬是发病高峰期。树冠下部叶片先发病，逐渐向上部扩展蔓延，树势衰弱的花椒园容易染病，而且发病重。

3. 防治方法

（1）加强花椒园管理，增强树势，减轻病害发生。清除落叶及杂草，减少病源物。

（2）萌芽前 2 周全园喷施 3～5 波美度石硫合剂或 30％机油石硫合剂 600 倍液，5 月中旬喷布 1∶1∶200 倍波尔多液，15～20 天以后再次喷施，防止发病。

（3）发病后叶片喷施 50％代森锰锌可湿性粉剂 800 倍液，50％多霉灵可湿性粉剂 1 000 倍液，或 50％多菌灵可湿性粉剂 500 倍液防治。

四、花椒落叶病

花椒落叶病又叫黑斑病。分布于陕西、甘肃、河南、山西等花椒产区，造成花椒树严重落叶，影响花椒产量和质量。落叶病主要为害花椒叶片、叶柄，其次是嫩梢，病叶率 20％～40％，严重的为 80％～100％，使叶片提前衰老、枯黄而大量脱落，而且可连年发病。

1. 危害症状

叶片发病在正面产生 1～4 毫米大小的黑色小病斑，常在叶背病斑上出现疹状小突起或破裂，即病菌分生孢子盘。后期叶面病斑上产生疹状小点，随后

出现大型不规则病斑块。叶柄的病斑呈椭圆形，内生点状孢子盘。嫩梢的病斑呈梭形紫褐色疹状小突起。树冠下部叶片首先发病，逐渐向上部扩展蔓延。

2. 发病规律

病菌以菌丝体、分生孢子盘的形式在病叶上或枝梢的病组织内越冬。翌年 7 月下旬开始发病，分生孢子主要借助雨水飞溅传播。8 月下旬至 9 月初为发病高峰，病叶相继脱落，严重时全株叶片几乎落光。降雨多的年份发病重，立地条件差，放任不管的树发病重。树龄大、长势弱、通风透光差的树易感病。

3. 防治方法

（1）加强花椒园管理，增施有机肥及时灌水和除草，增强树势，提高抗病力。

（2）清除病叶、病枝和杂草，集中销毁，减少侵染源。保持树冠通风透光，减轻病菌侵染。

（3）萌芽前喷 3～5 波美度石硫合剂或 30％机油石硫 600 倍液；7 月中旬全树喷布 1∶1∶200 倍波尔多液，每隔 15～20 天喷施 1 次，雨后及时补喷，或喷施 50％扑海因可湿性粉剂 1 000～1 500 倍液；8～9 月全树喷布 40％多菌灵可湿性粉剂 800～1 000 倍液，或 70％可杀得可湿性粉剂 500 倍液。

五、花椒煤污病

花椒煤污病又叫煤烟病。花椒产区均有发生，降雨多、湿度大的地区发病严重，主要危害花椒叶片，嫩梢及果实也受到危害。发生严重时，黑色霉层覆盖整个叶片，影响花椒光合作用，果实受污染后商品价值很低，出售困难。

1. 危害症状

叶片、嫩梢、果实上覆盖薄薄一层暗黑色霉斑，随着霉斑的扩大、增多，黑色霉层增厚，似烟熏状。末期在霉层上散生黑色小粒点，此时霉层可剥离。此病多伴随蚜虫、蚧壳虫的为害而发生。

2. 发病规律

初期在叶片表面生有薄薄一层暗色霉斑，稍带灰色或稍带暗色，以后随菌丝体增多，黑色霉层逐渐覆盖叶片、新梢、果实表面。煤污病以蚜虫、蚧壳虫的分泌物为营养，常伴随蚜虫、蚧壳虫的活动而消长，菌丝体附着在叶果表面，以昆虫蜜露为营养，不侵入花椒的组织，对嫩梢皮、叶、果不产生病理伤害，主要堵塞皮孔，影响光合作用，降低果实产量和质量。

3. 防治方法

①栽植密度适当，加强修剪，保持通风透光，减轻病害。②防治蚜虫、蚧

壳虫等为害，减少病害发生。③发病期可喷布 40％代森锰锌 800～1 000 倍液，或 50％多菌灵可湿性粉剂 1 000 倍液，或每隔 15～20 天喷布 1∶1∶200 倍波尔多液。

六、花椒花叶病

花椒花叶病俗称花椒病毒病、红黄斑驳病。该病由花叶病毒侵染致病。甘肃、陕西、河南、山西、河北等省份时有发生。患病植株叶片形成褪绿斑，严重时使树体生长衰弱，产量逐年降低，易引起其他寄生性病害的侵染。

1. 危害症状

发病叶片表现有多种类型。花叶型：发病较轻时仅局部叶片发生零星鲜黄色病，病斑大小不等，病重时病斑布满整个叶面，致使叶片形成黄绿相间的花叶。黄叶型：复叶小叶尖黄化，与绿色部分相交不整齐，有时自叶尖、叶缘向叶基呈不规则黄化。红叶型：自复叶基沿叶柄、主脉向基部红化，叶柄、主脉和叶片基部红色，叶端仍为绿色。复合型：在一个叶片上有红、黄两种颜色的斑驳。

2. 发病规律

染病后，各部分组织中均带有病毒，为系统性侵染，该病的病势发展与环境条件有一定关系，病症时轻时重，同一株树不同部位、不同生长阶段的症状轻重不同，有病害交替出现的现象。通过嫁接、种子以及蚜虫、蟠象等刺吸口器害虫传播。

3. 防治方法

（1）苗圃或花椒园中发现病株后，应及时挖掉，集中销毁，防止传染蔓延。

（2）防治蚜虫、蟠象等刺吸口器昆虫，防止害虫传播病毒。

（3）发病初期可喷布 20％病毒 A 可湿性粉剂 500 倍液，或 20％病毒立克乳油 700 倍液，或 3.85％病毒必克可湿性粉剂 500 倍液，隔 7～10 天连喷 3～4 次进行防治。

七、花椒枯梢病

该病主要发生在陕西、甘肃花椒产区，染病枝梢在 20％以上，造成部分枝梢枯死。

1. 危害症状

主要危害花椒当年生小枝的嫩梢，造成枝梢枯死变黑。初期病斑不明显，但嫩梢失水萎蔫，此后嫩梢枯死、直立，小枝上产生灰褐色长条形病斑，病斑上有许多突起的小黑点。

2. 发病规律

病菌以菌丝体和分生孢子器在病组织中越冬。翌年春季新梢萌发后病斑的分生孢子器产生孢子，借风、雨传播。6 月开始发病，7—8 月发病盛期，一年中病原菌可多次侵染为害，病枝率 20%～30%，严重时在 40% 以上，病枝枝梢枯死。

3. 防治方法

（1）加强花椒树管理，增强树势，提高抗病力。

（2）发现枯梢及时剪除，移出园外烧毁，全园喷施 1∶1∶200 倍波尔多液进行防治。

（3）发病严重的地区，发病后喷施 65% 代森锌 400 倍液，或 40% 福美森 800 倍液，或 50% 代森铵 30 倍液进行防治。

八、花椒枝枯病

花椒枝枯病又叫枯枝病、枯萎病。在陕西、山西、甘肃等地区部分花椒产区发病较重，发病株率 10%～30%，发病枝条枯死。

1. 危害症状

常发生于花椒树大枝基部、小枝分杈处或幼树主干上。发病初期病斑为长椭圆形，黑褐色或灰褐色。后期病斑干枯下陷，呈深褐色，表面微有裂缝，皮层不脱落。病斑多呈长条状，发病环绕枝干一周时，上部枝条枯死。秋季在病斑上产生许多黑色小疣粒状的分生孢子器。

2. 发病规律

病菌以菌丝体和分生孢子器在病组织内越冬，菌丝越冬后继续在发病部位扩展危害。在一年中，分生孢子器可多次产生孢子，孢子借助风雨、昆虫等媒介传播，从枝干伤口处侵入。多雨高温季节有利于孢子的传播和发病，管理不好、树体衰弱的园区发病重。

3. 防治方法

（1）加强管理，多施有机肥，增强树势，提高抗病力。合理修剪，避免树体受伤，修剪后的伤口及时涂保护剂，减少病害入侵口径。夏季对发病枝及时剪除深埋或集中烧掉。

（2）对发病大枝或干上的病斑，用刀彻底刮净，再在伤口中涂抹 8～10 波美度的石硫合剂，或 30% 机油石硫 100 倍液，或 40% 福美砷可湿性粉剂 50 倍液，保护伤口。

（3）入冬后，树干用生石灰 2.5 千克＋食盐 1.2 千克＋硫黄粉 0.75 千克＋水 20 千克混合浆液涂白。早春，全树喷施 5 波美度石硫合剂，或 30% 机油硫 300 倍液。发病季节全树喷施 1∶1∶200 倍波尔多液，雨后及时补喷，尤其是花椒遭遇冻害后，全树要立即喷施波尔多液进行防病。

九、花椒溃疡病

花椒溃疡病俗称花椒腐烂病。主要危害树冠下部的大枝或主干，生产溃疡斑，病斑环绕枝干后造成整枝枯死或死树，是危害花椒枝干的重要病害。

1. 危害症状

病斑最初呈长椭圆形，呈深褐色至黑色。以后病斑逐渐扩展，纵向长度10～35厘米。大型病斑中部颜色逐渐变为灰褐色，病表皮干缩，并产生橘红色颗粒状小突起，即分生孢子座。病斑边缘明显凹陷，病健组织交界清楚。病斑停止扩展后，因病斑周围组织愈伤作用的加强，在病健交界处出现裂线。大型溃疡斑常环绕枝干，使枝干枯死。

2. 发病规律

病菌以菌丝体和分生孢子座在病斑上越冬。翌年3月当气温回暖时开始发病，4—5月为发病盛期。4月上旬至5月下旬在大型病斑中部逐渐产生分生孢子器及分生孢子，并有枯死枝条出现。6月气温升高，树皮受病害伤口愈合作用加强后，病斑停止扩展蔓延。当年所产生的幼小病斑到翌年发病季节继续危害扩展蔓延，病斑上的繁殖体产生的分生孢子侵染新的枝干。病菌孢子主要通过伤口侵入寄主组织，如冻害伤口、虫害伤口、修剪伤口、机械损伤等等。

3. 防治方法

（1）休眠期剪除染病枝，加强防冻措施，避免树体冻害。修剪口及时涂抹或喷布保护剂，如托福油膏、843康复剂。初冬树干和大枝涂白防护（涂白剂配方：1份硫酸铜＋20份生石灰＋60～80份水。）

（2）萌芽前全树喷施3波美度石硫合剂，或30%机油石硫600倍液。3月发病期枝干喷施1∶1∶100倍波尔多液，4月枝干喷施1∶1∶200倍波尔多液，此后每隔15天喷布1次，雨后及时补喷，即可达到防治效果。

（3）加强花椒园土肥水综合管理，提高树势，增强抗病力。

十、花椒干腐病

花椒干腐病，也叫流胶病。是吉丁虫为害而发生的严重枝干病害。分布于陕西、甘肃等省份部分花椒产区，一般花椒园的病株率为20%～50%，甚至危害整个椒园。

1. 危害症状

该病主要发生于树干基部，严重时也发生于树冠上部枝条。发病初期，病变部位呈湿腐状，表皮略有凹陷，还伴有流胶出现。病斑呈黑色长椭圆形。剥开烂皮病变组织，内布满白色菌丝，后期病斑干缩、开裂，同时出现

很多橘红色小点，即分生孢子座。旧病斑上还生有许多蓝黑色椭圆形颗粒，即病菌的子囊壳。一般病斑长 5～8 厘米。该病造成大面积树皮腐烂，使营养物质运输不畅，病枝上的叶片黄化，若病斑环绕枝干一周，会导致枝干很快干枯死亡。

2. 发病规律

病菌以菌丝体及繁殖体在病变组织内越冬。5 月初，当气温升高时，老病斑开始为害扩展，于 6—7 月产生分生孢子，分生孢子主要借助雨水传播，从伤口入侵。一般情况下，被吉丁虫危害的花椒树，均宜发生干腐病。危害可持续到 10 月，当气温下降时，病斑停止扩展。病害危害程度与花椒品种、树龄及立地条件相关。豆椒抗病强，较其他品种发病轻，幼龄树生长势强发病轻，老树抗病弱发病重，阴坡发病轻，冷凉地区发病轻。

3. 防治方法

（1）加强苗木检疫，禁止带病苗木调入，防止病害蔓延。

（2）加强花椒园管理，多施有机肥，增强树势。做好防冻、防虫、防日灼，减少树体受伤。冬季修剪、清除带病枝，减少病源。早春萌芽前刮治干腐病斑，用 5～8 波美度石硫合剂，或 30％机油石硫 100 倍液，或腐必清 2～3 倍液涂抹伤口，夏季发病期还需涂抹 1 次。严重发病的花椒园，初冬树干和主枝用生石灰和硫黄粉混合浆涂白，早春全园喷施 3～5 波美度石硫合剂，或腐必清 50 倍液，或 30％机油石硫 300 倍液。4—5 月或采椒后用 80％抗生素（402）1 000 倍液喷涂树干 2～3 次，或 5～8 波美度石硫合剂喷涂树干 2～3 次。

十一、花椒白纹羽病

花椒白纹羽病，又称白绢病。国内花椒产区均有发生，新栽植花椒幼树染病死亡，严重时导致建园失败。

1. 危害症状

该病主要危害茎部和根部。在接近土壤的干茎部病菌侵染后产生病斑，湿度大时有黏液流出，老根上形成褐色菌丝层，根尖形成白色菌丝。菌丝穿过皮层侵入形成层深入木质部导致根腐烂，造成植株生长衰弱、叶片变黄、枝条枯萎，严重时全株枯死。

2. 发病规律

每年 3 月中下旬开始发病，6—8 月为发病盛期，10 月以后逐渐停止。病菌靠有性或无性孢子传播、侵染根部，当病丝体接触到寄主植物时，即从根部表皮皮孔侵入，先侵害小侧根，后在皮层内蔓延到大侧根，破坏皮层下的木质细胞。发病初期，病部皮层组织水肿、松软，出现近圆形或椭圆形褐色病斑，随后病部逐渐呈水浸状腐烂，深达木质部，并有蘑菇味的黄褐色汁液渗出。病根表皮覆盖一层白色至灰白色的菌丝层，在白色菌丝层中夹杂有线条状的菌囊，后期病部组织干缩纵裂，腐朽的栓皮层作鞘状套于木质部外，易分离。剥去腐朽皮层，扇状或芒状的菌丝体紧贴在木质部上，有时出现黑色小菌核。该病的发生与土壤条件有很大关系，土壤黏重、低洼积水的地块发病严重；土壤疏松、排水良好的地块发病少。此外，高温、高湿的降雨季节和种植甘薯的地块发病严重。

3. 防治方法

（1）幼苗栽植前根系在 3～5 波美度石硫合剂，或 0.5％硫酸铜溶液浸泡10～20 分钟杀菌消毒，捞出后用清水冲洗干净栽植。

（2）刚发病的苗木，扒开病部周围土层，涂抹 5 波美度石硫合剂，或30％机油石硫 100 倍液，或喷施 50％退菌特 300～500 倍液。

（3）土壤多施有机肥，改良土壤通气性；避免在低洼、黏重的土壤上建园；间作物不选种甘薯、土豆、瓜类等作物，减轻病害发生。

十二、花椒膏药病

花椒膏药病俗称黑膏药病。该病在花椒树干上常有发生，管理不善，严重感病的花椒园，发病率在 70％以上，受害枝干生长势逐渐衰弱，最终死亡。

1. 危害症状

枝干发病后，形成椭圆形或不规则形厚膜状菌丝层，多为茶褐色至棕褐色，有时呈天鹅绒状。菌膜边颜色较淡，中部常常干缩龟裂。整个菌膜似中医所用的膏药而得此名。

2. 发病规律

该病发生与蚧壳虫危害有关，病菌以蚧壳虫的分泌物为营养，蚧壳虫受菌膜保护。菌丝在枝干表皮发育，部分菌丝侵入皮层危害，老熟时，菌丝层表面产生有隔担子及担子孢子。病菌孢子随害虫的活动传播、蔓延。膏药病的发生与树龄、湿度、品种及蚧壳虫为害有关。在荫蔽、潮湿的成年花椒园易发生膏药病；蚧壳虫为害严重的花椒园发病重。

3. 防治方法

（1）加强管理，适当修剪，除去枯枝、落叶，降低椒园湿度。

（2）防治蚧壳虫发生，刮除树上病膜，达到防治目的。

（3）树体萌芽前喷施 3～5 波美度石硫合剂或 30％机油石硫 300 倍液，发病季节枝干涂抹 5～8 波美度石硫合剂或黄泥浆也能得到很好的防治。

十三、花椒根腐病

花椒根腐病是一种重要的根部病害，在花椒产区均有发生，造成花椒生长

势衰弱，产量和质量下降，严重时枝干枯死，绝产死树。

1. 危害症状

该病苗圃地幼苗、栽植幼树、结果树均有发生。幼苗受害停止生长，叶片失绿，叶脉变红脱落，植株死亡，根黄褐色，水肿状，有臭气。结果大树染病，叶片变黄、逐渐脱落、枝条干枯、整株死亡，下部根腐烂变黑褐色，有异臭味，根皮与木质部脱离，木质呈黑色。

2. 发病规律

菌丝和分生孢子主要从伤口侵入，以菌丝和厚垣孢子在土壤及其病根残体上越冬，一般4—6月开始侵染，6—8月为发病盛期，10月中下旬停止蔓延。土壤黏重、低洼积水地块易发病；土层瘠薄、有机肥含量低的地块，植株生长势差，易染病；管理粗放、干旱、缺肥的椒园易发病。

3. 防治方法

（1）加强管理，防治病虫，及时除草，增施有机肥，增加土壤透气性。

（2）发病椒园可用15％粉锈宁可湿性粉剂500～800倍液灌根，或50％多菌灵可湿性粉剂300～500倍液灌根防治。

（3）避免在老果园迹地、刺槐迹地和多年种植甘薯、马铃薯地块上建园，或建园前用40％的福尔马林100倍液消毒杀菌后栽种。

十四、花椒幼苗立枯病

花椒幼苗立枯，又称根腐病、死苗病、霉根病等等。主要危害花椒幼苗，常造成苗圃幼苗成片死亡或缺苗断垄，造成经济损失。

1. 危害病状

病害主要发生在当年播种的幼苗上，种子发芽后，便出现幼苗根系腐烂，幼苗未出土即枯死。幼苗出土后感病，初期茎基部产生水渍状椭圆形褐色病斑，白天或中午萎蔫，夜晚至次日凌晨恢复正常。病斑逐渐扩大、凹陷，扩展绕茎一周，幼茎基部缢缩，最后呈直立状枯死。

2. 发病规律

病菌以菌丝或菌核在病残体及土壤中越冬，在适宜的环境下，即可侵染幼苗。幼苗在10～30厘米高时易发病，病菌在幼苗主茎未形成木质化时侵害，幼根出现黄褐色，水浸状病斑，然后腐烂，根皮易脱落，叶片凋萎，幼茎逐渐变干死亡。潮湿时，病部出现白色菌丝体，后期可见到灰白色菌丝或油菜籽状的小菌核。

3. 防治方法

（1）选择地势高、排水方便、疏松肥沃的沙壤土育苗，减少幼苗发病。

（2）避免重茬，密度合理，保持幼苗通风透光，雨后及时排水，防止病害发生。

（3）播种前育苗地消毒，每亩用 500 毫升甲醛加水 30 千克，喷洒于育苗床上，覆盖地膜 1 周灭菌，或 50％多菌灵可湿性粉剂 1 千克，拌土 10 千克，均匀撒在苗床上灭菌。

（4）幼苗发病初期可用 75％百菌清可湿性粉剂 600 倍液喷布防治，或72.2％普力克水剂 800 倍液喷布防治。

第二节 花椒虫害与防治

一、棉蚜

棉蚜，又名蚜虫、蜜虫、腻虫、油虫等等。是世界性害虫，为害植物种类繁多，除花椒树外，还有约 74 种寄主植物。若虫群集在花椒新生枝梢、叶片及果实上吸食汁液，被害部位扭曲变形，果实及叶片脱落，影响花椒树生长发育，产量降低，品质变劣。

1. 形态特征

成虫：无翅胎生雌蚜，体长 1.50～1.90 毫米，体表常被白蜡粉。有黄、青、深绿或暗绿等体色，触角约为体长一半或稍长，第六节鞭状部约等于基部 2 节长的 4 倍。感觉圈生在触角第五、第六节。复眼暗红色。前胸背板两侧各有 1 个锥形小乳突。腹管较短，黑色或青色，圆筒形，基部略宽，上有瓦砌纹。尾片青色或黑色，两侧各有刚毛 3 根。尾板暗黑色，有毛。有翅胎生雌蚜，长 1.2～1.9 毫米，体黄色、浅绿色或深绿色，头胸部黑色。触角略短于体长，第三节上有 5～8 个感觉圈，排成 1 行，第六节鞭状部为基部两节长的 3 倍。翅透明，中脉 3 分叉。腹管黑色，圆筒形，表面有瓦砌纹。尾片乳头状，黑色，两侧各有刚毛 3 根。无翅产卵雌蚜，体长 1.28～1.40 毫米，触角 5 节，感觉圈着生于第四、第五节上。后足腿节粗大，上有排列不规则的感觉圈数十个。有翅雄蚜，体长 1.28～1.40 毫米，体色变异很大，有深绿色、灰黄色、暗红色或赤褐色。触角 6 节，感觉圈生于第三、第五、第六节上。腹管灰黑色较有翅胎生雌蚜短小。

卵：椭圆形，长径 0.49～0.69 毫米，短径 0.23～0.36 毫米。初产时橙黄色，后变成漆黑色，有光泽。

若蚜：无翅若蚜，共 4 龄，体长约 1.63 毫米，短径 0.23～0.36 毫米，夏季体淡黄或黄绿色，春、秋季为蓝灰色。复眼红色。触角节数因虫龄不同而异，末龄若蚜触角 6 节。腹部第一、第六节的中侧和第二至第四节两侧各具 1 个白圆斑。有翅若蚜，同无翅若蚜相似。第二龄出现翅芽，其翅芽后半部为灰黄色。

2. 生活史与习性

棉蚜在辽河流域每年发生 10～20 代，黄河流域、长江及华南地区 20～30 代。棉蚜深秋产卵在越冬寄主上越冬。春季越冬寄主发芽后，越冬卵孵化为干母，随后干母开始胎生无翅雌蚜，无翅雌蚜孤雌生殖 2～3 代后，产生有翅胎生雌蚜。有翅胎生雌蚜繁殖出无翅和有翅胎生雌蚜，在花椒和其他侨居寄主上为害和繁殖，有翅蚜在田间迁飞扩散。到晚秋气温降低，侨居寄主衰老，棉蚜产生有翅性母飞回越冬寄主，产出有翅雄蚜和无翅产卵雌蚜，雌雄交配后产卵。

棉蚜的繁殖力很强，在早春和晚秋完成 1 个世代需要 15～20 天，夏季只需 4～5 天，一头成蚜一天最多可产若蚜 18 头，平均每天产 5 头，一生可产若蚜 60～70 头。因此，蚜虫是危害花椒的最主要害虫，防治比较困难。

3. 防治方法

（1）冬、春铲除花椒园内杂草、枯枝落叶，消除越冬场所；花椒萌芽前 15 天左右全园喷施 3～5 波美度石硫合剂或 30% 机油石硫 600 倍液，杀灭越冬虫卵。

（2）蚜虫迁飞期，在树枝上挂诱虫板，每亩挂 10～12 张，减少成虫数量。同时，保护瓢虫、草蛉等天敌，可减少蚜虫为害。

（3）蚜虫发生严重时，可全树喷布 40% 吡虫啉可湿性粉剂 1 500～2 000 倍液，或 50% 抗蚜威可湿性粉剂 3 000 倍液，或 2.5% 溴菊酯乳剂 3 000 倍液，或 1.8% 阿维菌素乳油 2 500～3 000 倍液。蚜虫易产生抗药性，化学防治过程中应交替使用不同种类的农药，将虫口密度控制在经济损害范围以下。

二、桑白蚧

花椒产区均有发生，主要危害花椒、桃、杏、李、桑树等树种，5 月危害最重。雌成虫或若虫群集于枝条或树干上，吸食树体汁液，排出的粪便在树冠下，造成叶片变黄，枝条萎缩干枯，树势衰弱，甚至整株死亡。同时，易引起煤污病、膏药病的发生。

1. 形态特征

成虫：雌雄异型。雌成虫蚧壳淡黄白色或灰白色，盾形中央隆起，长 2.0～2.5 毫米，近圆形。雌成虫橙黄色或橘红色，体长约 1 毫米，宽卵圆形。雄蚧壳长圆筒形，两侧平行长约 1 毫米，白色蜡状。雄成虫橙红色，体长约 0.7 毫米，前翅无色透明，后翅退化成平衡棒。雄成虫飞行能力较弱，多在枝干爬行，寻觅到雌成虫后即将生殖器刺入雌蚧壳内进行交尾，有多次交配现象。交配后很快死亡。

卵：椭圆形，初产为白色，后渐变黄，近孵化时为橘红色，卵期为 10～15 天。

蛹：蛹期为雄虫所特有。蛹在蚧壳内靠近前端，淡黄色，头顶有2个黑色的眼点，触角、翅、生殖器等各器官明显。蛹期7～10天。

若虫：若虫扁椭圆形，橙色，体长0.3毫米。初孵若虫在母体的蚧壳下停留几小时，然后钻出蚧壳四处爬散、迁徙。若虫爬上枝干即固定下来，将口器插入寄主进行取食，同时从头部和臀板两处分泌丝状的蜡线覆盖身体的背面和侧面。

2. 生活史与习性

桑白蚧1年发生2代，受精雌成虫在枝条上越冬，在枝条阳面越冬的虫体，由于昼夜温差变化比较大，越冬死亡率高于阴面。越冬雌成虫于3月中旬在寄主萌芽时开始吸食树体汁液，虫体迅速膨大，4月下旬至5月上旬产卵于蚧壳下，每头产卵40～400粒，雌成虫产卵后干缩死亡，将蚧壳留在树枝上，不易脱落。5月中下旬初孵化的若虫由雌蚧壳下爬出，分散活动1～2天后，固定在枝条上危害，5～7天便开始分泌出蜡质壳。第一代，若虫期40～50天，6月中旬至7月中旬为成虫发生期。雄若虫第二次蜕皮后分泌蜡丝形成茧，在茧内变为前蛹，再经蛹期后羽化成为成虫，在主干和枝条基部聚集成片的雄茧似棉絮状。7月雄、雌虫交尾后产卵，8月第二代若虫孵化爬出蚧壳危害枝干，9月第二代成虫交尾后，受精雌成虫在枝干上越冬。

3. 防治方法

（1）入冬用硬板刷或钢丝球轻轻将越冬害虫刷掉，也可用废机油或8～10波美度石硫合剂涂抹在蚧壳虫聚集的枝干处，杀死越冬虫体。

（2）花椒萌芽前15～20天全株喷布5波美度石硫合剂，或30%机油石硫300倍液，或3%柴油乳剂+0.1%二硝基苯酚混合液。

（3）第一代若虫孵化期喷施0.5波美度石硫合剂，或1.8%阿维菌素乳油600～800倍液，或10%氯氰菊酯乳油800倍液，或70%的吡虫啉可湿性粉剂700～1 000倍液，或5%唑螨酯悬浮剂1 200～1 500倍液。蚧壳形成后可喷施3 000～5 000倍杀扑磷防治。防治过程中将不同作用机理的农药轮换喷施，延缓蚧壳虫产生抗药性，提高防治效果。

（4）加强苗木检疫，防止传播蔓延。保护红点唇瓢虫、盗瘿蚊、日本方头甲等天敌。

三、瘤坚大球蚧

花椒产区均有发生，危害花椒、大枣、柿、核桃、杏、梨、苹果等多种经济作物。若虫和雌成虫刺吸寄主植物汁液，造成枝干发芽迟，新梢生长量小，严重者枝干枯死。

1. 形态特征

成虫：雄成虫体长2.0～3.0毫米，宽0.6毫米，翅展5.2毫米。前胸腹

部黄褐色，中后胸红棕色。触角丝状具长毛。前翅发达，透明无色，有1支两分叉的翅脉，后翅退化为平衡棒。尾部有1根锥状交配器和2根白色的蜡丝。雌成虫体长9毫米左右，宽8毫米左右，体背面红褐色，带有整齐的黑灰色斑，虫体多向后倾斜，体被有毛绒状蜡被。足3对，小而分节明显，胫节和跗节间无明显突起。气门与足相比，相对较大，气门腺路由5孔腺组成，每条气门腺路成不规则1列，约20个5孔腺。体背有小管状腺，腹面体缘有大管状腺。多孔腺分布于腹面中部区，尤以腹部数量较多。体背面分布有小刺及盘状孔。受精产卵后，体为半球形或球形，虫体硬化度成黑褐色，体背的花斑及毛绒状蜡被消失，体背光滑锃亮。

卵：长椭圆形，长0.3～0.5毫米，宽0.1毫米，初为浅黄色，孵化前为紫红色，被有白色蜡粉。若虫橘红色，椭圆形，体节明显，头部发达，具触角6节，胸足发达，腹部中央及两侧刺突间生有1根长毛。介壳边缘有长方形白色蜡片14对，介壳边缘具刺毛。

蛹：雄蛹长椭圆形，长2.25毫米，宽0.95毫米，茧白色，绵状。

2. 生活史与习性

华北地区1年发生1代，2龄若虫固定在1～2年枝条上越冬，第二年4月若虫开始刺吸寄主汁液。4月中下旬危害最盛，4月末至5月初雄虫羽化，5月雌虫成熟大量产卵，6月若虫大量孵化，分散转移到枝、叶危害，9—10月寄主落叶前转移到枝条固定危害，并在此越冬。

3. 防治方法（参见桑白蚧防治方法）

（1）初冬至萌芽前结合修剪剪去带虫枝条集中销毁，或用竹片刮掉枝条上的越冬虫。

（2）树体萌动前15～20天，全园喷施3～5波美度石硫合剂或30%机油石硫300倍液。树体萌动后，在主干或枝上刮除20厘米宽的老皮，用氧化乐果稀释3～5倍液体涂抹并用塑料薄膜包扎。

（3）6月若虫发生期喷施75%磷胺水1 000倍液，或95%蚧螨灵乳油60～80倍液。

四、斑衣蜡蝉

斑衣蜡蝉分布于我国花椒各产区，主要危害花椒、苹果、海棠、桃、杏、臭椿、刺槐、杨树等多种树木。若虫、成虫聚集成群在叶背、嫩梢上刺吸为害，数头排列成一条直线聚集在枝梢上。引起被害植物生长衰弱、叶片发黄、新梢畸形、萎缩，并发生煤污病等等。

1. 形态特征

成虫：雄虫体长14～17毫米，雌虫18～22毫米。头顶向上翘起呈短角状。触角刚毛状，3 节，红色，基部膨大。前翅革质，基部 2/3 为淡褐色，散生 20 余个黑点，端部 1/3 为黑色，脉纹色淡。后翅 1/3 红色，上有 6～10 个黑褐色斑点，中部有倒三角白色区，半透明，端部黑色。体翅常有粉状白蜡。

卵：长圆柱形，长 3 毫米，宽 2 毫米，状似麦粒，背面两侧有凹入线，使中部形成一长条隆起，隆起的前半部有长卵形的盖。卵粒平行排列成卵块，上覆一层灰色土状分泌物。

若虫：初孵化时白色，不久即变为黑色。体背有白色蜡粉形成的斑点，触角黑色，具有长形的冠毛。到 4 龄若虫后，体背淡红色，头部最前的尖角、两侧有复眼基部黑色。体足基色黑色，有白色斑点分布。

2. 生活史与习性

斑衣蜡蝉 1 年发生 1 代，喜干燥炎热处，以卵越冬，卵多产在底部树干、枝杈或附近建筑物上。翌年 4 月若虫开始孵化，5 月上旬为孵化盛期。若虫稍有惊动即跳跃逃散。6 月中下旬至 7 月上旬羽化为成虫，成虫多刺吸树汁，为害至 10 月。8 月中旬开始交尾产卵，卵多产在树干 1 米以下或树枝分叉处，每块卵有 40～50 粒，最多达 100 粒。若、成虫均具有群栖性，善于跳跃，飞翔力较差。

3. 防治方法

（1）刮除树干上的卵块，或树干用硫黄粉、石灰浆涂白。

（2）若、成虫发生期，可选用 50％辛硫磷乳油 2 000 倍液，或 48％乐斯本 1 000 倍液喷布树体防治。

五、茶翅蝽

茶翅蝽，又称臭板虫、臭大姐等等。分布于河南、河北、北京、山东、江苏、陕西、湖北等省份。若、成若虫吸食寄主的芽、叶、枝、花和果实汁液。受害植物树势削弱，受害器官易引起畸形。除危害花椒外，还危害苹果、橘、梨、葡萄、桃、杏、李等果树。

1. 形态特征

成虫：体长 12～16 毫米，宽 6～9 毫米，身体扁平略呈椭圆形，前胸背板前缘具有 4 个黄褐色小斑点，呈一横列排列，小盾片基部大部分个体均具有 5 个淡黄色斑点，其中位于两端角外的 2 个较大。不同个体体色差异较大，茶褐色、淡褐色，或灰褐色略带红色，具有黄色的深刻点，或金绿色闪光的刻点，或体略具紫绿色光泽。触角 5 节，最末 2 节有 2 条白带将黑色的触角分割为黑白相同，足也是黑白相间。

卵：短圆筒形，顶端平坦，中央略鼓，周缘生短小刺毛。卵长 0.9～1.2

毫米，横径 0.45 毫米，淡绿色或白色，通常 2～8 粒并列为不规则三角形的卵块，隐蔽在叶背面。

若虫：1 龄若虫为淡黄色，头部黑色。2 龄若虫淡褐色，头部为褐色，腹背面出现 2 个臭腺孔。3 龄若虫棕褐色。4 龄若虫茶褐色，翅芽达到腹部第 3 节。5 龄若虫体长达 12 毫米，腹部呈茶褐色。

2. 生活史与习性

在我国不同地区发生代数不同，南方地区一年可发生 5～6 代。北方则每年发生 1～2 代，7 月中旬以前所产的卵当年可发育为成虫，完成两代的发育；7 月中旬以后产的卵当年则不能发育为成虫。在河南一年发生一代，成虫在墙缝、石缝、树洞、草堆或房前屋后的杂物中越冬。3 月温度升至 10℃以上便陆续出蛰，出蛰的成虫多在阳光充足的门窗、墙壁及台阶上爬行，晚上多聚集于背风温暖处。5 月中旬开始活动，危害花椒嫩梢，6 月中旬开始产卵，20 余粒排列成一块，多产于叶背。卵期 4～5 天，若虫孵化后，先静伏于卵壳周围或上面，以后分散危害。9 月下旬当年成虫迁移越冬。

3. 防治方法

（1）利用成虫在草堆、树洞等处越冬的习性，组织人力捕捉成虫，及时烧毁或深埋。6 月中旬以后人工摘除虫卵块，深埋或烧掉。

（2）叶面喷布 10% 吡虫啉可湿性粉剂 2 000 倍液，或 4.5% 高效氯氰菊酯乳油 2 500 倍液和 5% 啶虫脒乳油 3 000 倍液混合液进行防治。

六、山楂叶螨

山楂叶螨在花椒产区均有发生，成虫、幼虫、若螨在寄主叶背和芽上刺吸汁液，并吐丝结网。芽被害后，生长受阻，叶片受害后呈浅黄白色小斑点，继而扩连成片，导致叶片焦黄脱落。成虫聚集在花椒叶背面刺吸为害，初期叶面出现黄白斑，后变成小红点，严重时红色区域扩大致使叶片枯黄掉落；后期若螨活泼贪食，数量多时齐聚叶端，随风成团飘落地面后扩散，干旱年份发生较重。

1. 形态特征

成虫：雌成虫长 0.5 毫米，宽 0.3 毫米。前体部与后体部交界处最宽，体背前方隆起。身体背面共有 26 根刚毛，分成 6 排，刚毛细长，基部无瘤。足黄白色，比体短。雌虫分冬、夏两型，冬型体色鲜红，略有光泽；夏型雌虫初蜕皮实体色红，取食后变为暗红色。雄成虫体长 0.4 毫米，宽 0.25 毫米。身体末端尖削。初蜕皮时为浅黄色，逐渐变为绿色及橙黄色，体背两侧有黑绿色斑纹 2 条。

卵：圆球形，橙红色，后期产的卵颜色浅淡，为橙黄色或黄白色。

幼螨：足 3 对，体圆形，黄白色，取食后变为淡绿色。

若螨：足 4 对，前期若螨体侧出现刚毛，两侧有明显的墨绿色斑纹，并开始吐丝。后期若螨可辨别雌雄，雌螨身体圆形，雄螨身体末端尖削。

2. 生活史与习性

山楂叶螨在河南一年发生 7～10 代，3 月下旬日平均气温 10℃ 以上时即出蛰危害。出蛰盛期在 4 月上旬，出垫末期在 5 月上旬，整个出垫期持续 40～50 天。冬型雌成螨出蛰取食 7～10 天后，当日平均气温在 16℃ 以上时，开始产下第一代卵，多集中在盛花期。卵经 8～10 天孵化。第二代卵在 6 月上旬，以后生活史交错，各虫态同时存在，世代重叠严重。山楂叶螨在 7—8 月繁殖速度快，数量多，危害严重。8—10 月陆续产生冬型雌成螨，寻找合适场所蛰伏越冬。山楂叶螨多在树干裂缝、粗皮翘皮下、枝杈处、落叶上隐藏越冬。

3. 防治方法

（1）入冬刮除老皮、翘皮下越冬害虫，树干涂白，清除落叶、集中销毁，惊蛰前全园喷施 5 波美度石硫合剂，杀灭越冬害虫。

（2）叶螨发生期喷施 15％哒螨灵乳油 1 500～2 000 倍液、3.3％阿维联苯菊酯乳油 1 000～1 500 倍液、1.8％阿维菌素乳油 3 000 倍液、20％灭扫利乳油 2 000 倍液。

七、铜绿金龟子

该虫分布于全国各地，主要啃食花椒及各种林木和果树叶片，形成孔洞缺刻或秃枝。幼虫为害根系。

1. 形态特征

成虫：体长 15～18 毫米，宽 8～10 毫米，椭圆形，背面铜绿色，有光泽。头部较大、深铜绿色，前胸背板前缘呈弧状内弯，侧缘和后缘呈弧形外弯，背板为闪光绿色，密布刻点，两侧边缘有黄边；鞘翅有 4～5 条纵隆起线，为铜绿色，有光泽。雌虫腹面乳白色，雄虫腹面棕黄色。

幼虫：体长 30 毫米，头部暗黄色，近圆形；胴部乳白色，腹部末节腹面除钩状毛外，有 2 列针状刚毛，臀节腹面具刺毛列，每列多由 13～14 根长锥刺组成，2 列刺尖相交或相遇，钩状毛分布在刺毛列周围；肛门孔横列状。

卵：初产乳白色，近孵化时变为淡黄色，圆球形，直径约 1.5 毫米。

蛹：长椭圆形，长约 18 毫米，土黄色，末端圆平。雌蛹末节腹面平坦且有一细小的飞鸟形皱纹；雄蛹末节腹面中央有乳头状突起。

2. 生活史与习性

铜绿金龟子 1 年发生 1 代，幼虫在土壤中越冬。翌年 5 月开始化蛹，成虫一般在 6 月上旬至 8 月出现，6 月为成虫危害盛期，并产卵，幼虫 8 月出现，

11 月进入越冬期。成虫喜光，夜间取食，有假死性。成虫羽化出土与 5—6 月降雨量有关，降雨充沛，出土较早，盛发期提前。成虫白天隐伏于草皮中或表土内，黄昏出土活动，闷热无雨的夜晚活动最盛。成虫杂食性，食量大。

3. 防治方法

(1) 成虫危害期，用黑光灯或诱杀虫灯诱杀。也可用红糖 1 份、醋 2 份、白酒 0.4 份、30％敌百虫 0.1 份、水 10 份配制糖醋液诱杀。

(2) 利用假死性，振落后集中灭杀。

(3) 每亩用 2.5％敌百虫粉剂 1.52 千克，地面撒施，或用 90％晶体敌百虫 1 000 倍液喷洒防治。

八、铜色花椒跳甲

铜色花椒跳甲又名铜色潜跳甲。主要分布在四川、河南、陕西、甘肃、云南等省份，幼虫主要为害嫩尖、嫩叶、花梗和叶柄，被害部位有黑褐色点状小孔，被害嫩尖、嫩叶初期颜色正常，此后出现偏弯渐渐萎蔫，最后黑枯死亡。受害轻的树冠有零星受害状，受害严重树的嫩尖、叶几乎全部黑枯死亡，对产量和树势影响极大。

1. 形态特征

成虫：卵圆形，体长 3.0～3.5 毫米。雌虫体略大，古铜色，稍带紫色，光亮；体腹、足和触角完全棕红色。头顶中部具极细刻点，两侧斜行沟纹和中部横沟清楚深显。触角丝状，长约为体长一半。前胸背板横阔，基部向后拱起成弧状，盘区刻点细、密，分布均匀。雄虫具无刻点细线，不呈背状。鞘翅刻点较前胸背板粗，排列整齐，行距平坦，刻点细、密；前、中足第一跗节膨大；腹部末节中央凹陷，光亮，少毛。

卵：长卵圆形，长 0.6～0.7 毫米，宽 0.30～0.35 毫米。初产时为金黄色，后逐渐变为黄白色。

幼虫：体长 5.0～5.5 毫米，初孵幼虫呈淡白色，老熟时黄白色，头、足、前胸背板及臀背板均为黑褐色。

蛹：裸蛹，长 3～4 毫米，初为白色，渐变为淡黄色，后呈淡黄褐色。

2. 生活史与习性

该虫在北方花椒产区每年发生 1 代，以成虫在花椒树冠下 0～5 厘米深的松土内越冬，少数成虫在花椒树皮内及树冠下的杂草、枯枝落叶里越冬。翌年 4 月中旬于花椒芽萌发时，越冬成虫陆续出土活动，4 月中旬为盛期，5 月下旬消失。出土的越冬成虫，其寿命一般为 30 天左右，雌成虫寿命较长。在田间一般于 4 月下旬初见卵，4 月下旬至 5 月上旬为产卵盛期。卵期 6～7 天，5 月上旬幼虫孵化开始为害，5 月中下旬达到为害盛期。幼虫期 15 天左右。5 月下旬幼虫开始化蛹，6月中旬达化蛹盛期，6月上旬开始羽化出成虫，7月上旬达羽化盛期，8月中旬成虫开始陆续入土越冬。

成虫善于跳跃，昼夜在叶背活动，取食、交尾、产卵，中午最为活跃，产卵也最多。一般成虫静伏叶背不动，若受惊跳离叶背，落地收足翻身假死，稍停片刻翻转身体活动。卵散产于花序梗和叶柄基部，每处产1粒卵。初孵幼虫直接潜入为害，蛀害花梗和叶柄，致使花序和复叶萎蔫下垂，继而变黑焦枯。幼虫老熟后自花梗或叶坠落地面，入土做土室化蛹。蛹期10天左右。成虫多在花椒树中、下部为害，8月上旬成虫陆续在树冠下松土内或树干翘皮等处蛰伏越冬。

3. 防治方法

（1）树盘下铺设地膜，阻止越冬害虫无法出土。清除地面枯枝落叶，剪除危害枝，集中销毁，减少害虫越冬。

（2）成虫期可用2.5%敌杀死乳油1 000～1 200倍液，或90%晶体敌百虫1 000倍液，喷施枝叶防治。幼虫期可选用3%高渗苯氧威乳油4 000倍液，或10%高效氯氰菊酯可湿性粉剂3 000倍液喷布枝梢防治。

九、花椒凤蝶

主要分布在陕西、河南、河北、甘肃等省份花椒产区，以幼虫取食叶片为害，影响花椒生长发育。

1. 形态特征

成虫：分为春型和夏型两种。夏型比春型体大，两型翅面斑纹相同，黄绿色、暗黄色，前胸至腹部背面有1个宽2～3毫米的黑色背中线，两侧黄白色，翅面黑色，翅中间从前缘至后缘有8个渐大的一列黄色斑纹，翅基部有6条放射状黄色点线纹，中室上有2个黄色新月形斑。后室黑色，外缘有波状黄色线纹，亚外缘有6个黄色新月形斑，基角处有8个黄斑，中脉第三支脉向外延伸呈燕尾状，臀角上橙黄色圆形斑，斑内有一黑点，有尾突。

卵：近球形，初产时黄白色，后变深黄，孵化时变成黑褐色。

幼虫：初孵幼虫淡紫色至黑色，2～4龄幼虫黑褐色，有白色斜带纹，极似鸟粪，老熟幼虫黄绿色，体长可达48毫米，体上有突起肉刺，后胸两侧有蛇形眼线纹，臭腺角呈橙黄色。

蛹：体长28～30毫米，纺锤形，浅绿色至褐色，体色常随环境而变化，前端有2个尖角。

2. 生活史与习性

花椒凤蝶1年可发生2～3代，以蛹的形式在枝条、叶背等处越冬。成虫白天活动，飞翔能力强，中午或黄昏前活动最盛。成虫交配后，在寄主的嫩

芽、叶以及枝梢上产卵，卵散产，1 处 1 粒。卵期为 6～7 天，产卵后 15～20 天孵化出幼虫。初孵出的幼虫只有 12 毫米。2 龄以前的幼虫体长可达 15 毫米，呈深茶褐色，幼虫先食卵壳，而后取食芽和嫩叶，直至成熟叶片，然后吃老叶。幼虫昼伏夜出，先为害枝梢上部，然后再吃树冠下部叶，随虫龄增大，食量大增，老熟幼虫一天可食数张叶片，成熟后在隐蔽处吐丝作垫，以尾趾钩抓住丝垫，吐丝在腹间环绕成带，在枝上化蛹。秋末冬初幼虫在枝叶上化蛹越冬，蛹多与枝叶同色，起保护作用。翌年春、夏羽化成虫。

3. 防治方法

（1）结合花椒园管理，人工捕捉幼虫，摘除虫卵和蛹。人工捕杀成虫，利用成虫的趋光性，黑色灯诱杀成虫。冬季修剪，清理越冬蛹，减少来年害虫繁殖基数。

（2）幼虫 3 龄以前可叶面喷洒 40％氯氰菊酯乳剂 2 000～2 500 倍液，或 10％吡虫啉乳剂 2 000 倍液，或灭幼脲Ⅲ号 1 500 倍液，90％晶体敌百虫 1 000 倍液进行防治。

十、大蓑蛾

大蓑蛾又名大袋蛾。花椒产区均有发生，主要以幼虫为害。低龄幼虫咬食叶肉，留下 1 层上表皮，形成不规则半透明斑。长大即食叶片成不规则孔洞。发生严重时可将叶片吃光，引起落叶。

1. 形态特征

成虫：雌雄异型。雌虫体肥大，长 22～30 毫米，淡黄色或乳白色，无翅，足、触角、口器、复眼均退化，头部小，淡赤褐色，胸部背中央有 1 条褐色隆基，胸部和第一腹节侧面有黄色毛，第七腹节后缘有黄色短毛带，第八腹面节以下急骤收缩，外生殖器发达。雄成虫体长 15～20 毫米，翅展 35～44 毫米。体黑褐色，触角双栉状，前翅近外缘 4～5 个长方形透明斑，后翅黑褐色，略带红褐色。

卵：椭圆形，长 0.8 毫米，宽 0.5 毫米，黄色。

幼虫：雄幼虫体小，黄褐色。雌幼虫体长 32～37 毫米，头部赤褐色，头顶有环状斑，呈深褐淡黄相同的斑纹。

蛹：雌蛹枣红色，无触角、翅及足。雄蛹赤褐色，腹部第三至八节背面的前方有一横列刺。

2. 生活史与习性

该虫每年发生 1 代，以老熟幼虫在树枝上悬挂的蓑囊内越冬。翌年 5 月上中旬化蛹，5 月下旬至 7 月中旬羽化为成虫，并交尾产卵。6 月下旬第一代幼虫孵化后，此后幼虫一直为害树叶至 9 月下旬，10 月幼虫成熟陆续越冬。

一般幼虫孵出后吐丝织袋，常将树叶粘于丝袋外围，随虫龄增大，身体伸长不断将袋加大。幼虫孵化多在中午前后，初孵幼虫将卵壳吃掉，然后从蓑囊排泄口爬出，扩散到树叶或吐丝下垂随风飘曳到其他植株上。幼虫啃食叶片，吐丝黏结，历时 20 分钟左右结成环状团簇滚套于胸腹交界处，继而不停地咬取叶屑，粘于丝上增结囊环，经近 1 小时形成与虫体同长的网状蓑囊，随后继续加厚。加大蓑囊时，幼虫将囊壁的丝咬开撕松，扩大体积，然后吐丝缀叶。

雄蛾在排泄口内与雌蛾交尾。雄蛾交尾后，很快死去。雌蛾将卵产在蓑囊排泄口内的黄绒毛上，产卵 26～3 000 粒，平均 600 粒。

3. 防治方法

（1）结合田间管理，摘除护囊，减少田间虫口数量，防止扩散蔓延。

（2）幼虫发生时，喷洒 90%晶体敌百虫 800～1 000 倍液，或 50%杀螟松乳油 1 000 倍液，或 50%辛硫磷乳油 1 500 倍液，或 2.5%溴氰菊酯乳油 3 000～4 000 倍液进行防治。

十一、黄刺蛾

黄刺蛾俗称"痒辣子"，花椒产区均有发生。以幼虫为害花椒叶片为主，低龄幼虫多群集在叶片背面啃食叶肉，被害叶片成网状，幼虫长大后啃食叶片，使叶片缺刻，严重时仅残留叶柄，影响花椒树生长和结果。

1. 形态特征

成虫：体长 13～17 毫米，翅展 27～31 毫米，雄虫体稍小，雌虫体肥大，黄褐色，头胸及腹前后端背面黄色，触角丝状灰褐色，复眼球形黑色。前翅顶角至后缘基部 1/3 处和臀角附近各有 1 条棕褐色线，内侧线的外侧为黄褐色，内侧为黄色；缘翅处缘有棕褐色细线；黄色区有 2 个深褐色的斑，均靠近黄褐色区，1 个近后缘，1 个在翅中部稍前。后翅淡黄褐色，边缘色较深。

卵：扁椭圆形，长 1.4～1.5 毫米，表面具有线纹，初产时黄白色，后变黑褐色，常数十粒排列成不规则的块状。

幼虫：老熟幼虫体长 19～25 毫米，体粗大。头部黄褐色，隐藏于前胸下，胸部黄绿色，体自第二节起各节背线两侧有 1 对枝刺，以第三、第四、第十节的为大，枝刺上长有黑色刺毛；体背有紫褐色大斑纹，前宽后大，中部狭细成哑铃形，末节背面有 4 个褐色小斑，体两侧各有 9 个枝刺，体侧中部有 2 条蓝色纵纹，气门上线淡青色，气门下线淡黄色。

蛹：幼虫化蛹于茧内，椭圆形，粗大，体长 13～15 毫米。淡黄褐色，头胸部背面黄色，腹部各节背面有褐色背板色，被在坚硬的茧中。

茧：石灰质坚硬，椭圆形，有灰白和褐色纵纹，形似鸟卵，初茧透明，2

小时后开始变为酱色白色条纹，4小时后开始硬化，1天后外壳全硬化，茧上出现灰色条纹。

2. 生活史与习性

该虫每年发生2代，以老熟幼虫在花椒枝杈处结茧越冬。翌年5月上旬化蛹，越冬代成虫于5月下旬至6月上旬开始羽化，羽化后不久交配产卵，卵产于叶背面，散生或聚集，每头雌虫产卵50~70粒，卵期7~10天。

3. 防治方法

（1）冬季修剪时剪除虫茧，或摘除虫茧，集中销毁，减少虫源。利用成虫趋光性的特点，在成虫发生期，用黑光灯诱杀成虫。

（2）幼虫发生期喷洒90%晶体敌百虫800~1 000倍液，50%杀螟松1 000~1 500倍液、50%辛硫磷乳油1 000~1 500倍液、2.5%氯氰菊酯乳油2 000~3 000倍液防治。

十二、黑绒鳃金龟子

黑绒鳃金龟子分布于花椒产区，以成虫取食花椒嫩芽、幼叶及花的柱头。常群集暴食，造成严重危害。

1. 形态特征

成虫：体长7~8毫米，宽4.5~5.0毫米，初羽化为褐色，后转黑褐色或黑紫色，具天鹅绒闪光。头黑，唇基具光泽。前缘上卷，具刻点及皱纹。触角黄褐色9~10节，棒状部3节。前胸背板短阔。小质片盾形，密布细刻点及短毛。鞘翅具9条刻点沟，外缘具稀疏刺毛。前足胫节外缘具2齿，后足胫节端两侧各具1端距，跗端具有齿爪1对。臀板三角形，密布刻点，胸腹板黑褐具刻点且被绒毛，腹部每腹板具毛1列。

卵：初产为卵圆形，乳白色，后膨大呈球状。

幼虫：体长14~16毫米。肛腹片复毛区满布略弯的刺状刚毛，其前缘双峰式，峰尖向前止于肛腹片后部的中间，腹毛区中间的裸区呈楔状，将腹毛区一分为二，刺毛列位于腹毛区后缘，呈横弧状弯曲，由14~26根锥状直刺组成，中间明显中断。

蛹：体长约8毫米，初黄色，后变黑褐色。

2. 生活史与习性

黑绒鳃金龟子一年发生1代，以成虫在20~40厘米深的土中越冬。一般4月上中旬越冬成虫逐渐上移，4月中下旬至5月初，当旬平均气温达到5℃时，开始活动出土。成虫出土后，首先危害返青早的杂草，待喜食植物发芽后，转移危害，开始取食叶片，严重时全部吃光。危害盛期在5月初至6月中旬。6月为产卵期，卵期9天左右。6月中旬开始出现新一代幼虫，幼虫一般危害不大，仅取食一些植物的根和土壤中腐殖质。8—9月，3龄老熟幼虫作土室化蛹，蛹期10天左右，羽化出来的成虫不再出土而进入越冬状态。成虫出土活动时间与温度有关，早春温度低时活动能力差且多在正午前后取食危害，至5、6月，气温在20℃以上时，则喜欢在白天潜伏，晚间和凌晨危害，以晚11：00至翌日凌晨1：00最盛。以无风温暖的天气出现最多，成虫活动的适宜温度为20～25℃。降雨较多、湿度高易于成虫出土和盛发。雌虫一般产卵于被害植株根际附近5～15厘米土中，雌虫一生能产卵9～78粒。成虫具假死性，略有趋光性。

3. 防治方法

（1）利用成虫群集和假死习性，于成虫盛发期进行人工捕捉，消灭成虫。也可用黑光灯诱杀成虫。

（2）每亩用50％辛硫磷颗粒剂1.0～1.5千克或48％毒死蜱乳油1.0～1.5千克拌细土50千克，均匀撒施，耕入土中。成虫发生高峰期叶面喷布50％敌敌畏乳油1 000倍液，或40％乐果乳油800倍液或20％杀灭菊酯乳油2 000倍液进行防治。

第三节　花椒鸟兽危害与防护

一、野兔危害及防治

冬、春两季，野兔常啃食树皮，尤其是降雪天气，食物缺乏时，啃食苗木或幼树基部树皮，给苗木和幼树造成严重危害。野兔啃食苗木可造成苗木从基部折断，苗木从基部重新萌芽，苗木无法出售。啃食幼树严重可造成基部折断，或基部树皮啃光死树。啃食基部部分树皮，造成树植株生长势变弱，伤口易冻害，病虫易从伤口侵入，严重影响幼树生长发育。

防护方法：

（1）入冬前用柴草绑裹树干，保护幼树免遭兔害。

（2）用动物油或其他腥臭的黏着剂抹树干，对苗圃地用猪油涂涮苗干或腥臭物喷涂苗木，防护效果比较好。

（3）将家兔粪与黏着剂混合后，喷涂树干或苗木。

（4）苗地幼苗也可在越冬前土埋基部防止野兔啃食。

（5）用夹子、捕兔网等等捕杀野兔，应设置明显标记，以免误伤人或家畜。

（6）利用猎犬围捕，或利用家犬驱赶，可有效保护幼树和苗木不受野兔危害。

二、鼠类危害及防治

鼠害多为花鼠、鼢鼠等鼠类，在花椒园内打洞，盗食果实、啃食树根，造成树体生长发育受阻力，严重时死树。

防治方法：

（1）捕杀：用鼠笼、鼠夹配以有香味的诱饵捕杀花鼠。箭钉灭鼠鼢鼠，用2根立柱（长约60厘米，直径3厘米）、1根横梁（长50厘米）、1个撑杆（长33厘米）、1块石头（长方形、表面要平整）、吊绳、横挑棍（长10厘米）、2个小木橛（长5厘米）、4个铁丝箭（用8号铅丝，长30厘米，一头磨尖）和泥球制成。安装箭钉时，在鼢鼠的隧道土堆附近，用铁锹把洞口切断，在洞口切面挖个比隧道洞口深的垂直坑，把小木橛钉在与隧道口水平直径的两侧，外露4分。然后在离隧道口30厘米左右铲薄地皮，插入连环箭2套（鼠洞直径10厘米时，箭放在距洞口20～30厘米处；洞口直径8厘米，箭放在距洞口15～20厘米处，洞口直径6厘米，箭距洞口10～15厘米）。4个箭排成菱形或一字形。扎通隧道顶，再提起来，不要把箭头尖露在隧道内，用土固定住，隧道的两旁栽好2根柱子，上面搭上横梁，架成门字形，横梁上搭撑杆，一头吊平面大石块，对准钎子，另一头用细绳与横挑棍连接，在隧道口放入泥球，并轻轻把横挑棍挂在2个小木橛上，使泥球对准横木挑棍，鼢鼠怕风来堵洞口时，用土推动泥球，使横挑棍从小木橛上脱落，石头即砸在箭钉上，鼢鼠被钉住。注意，不能用手探摸洞内的土，否则鼢鼠闻到手汗味，会在远处封窝，不易捕杀。

（2）挖鼢鼠：利用鼢鼠怕风、怕光和堵洞的习性，先把隧道挖开1米，在切断的两面洞口各放1根草棍，铲薄隧道顶土，哪头草棍动，哪头就是鼢鼠来堵洞，立即从鼠后面下锹把鼠挖出来。也可在隧道上每隔30厘米扎一个小孔，鼢鼠走到哪里，小孔就会有土冒出，立即从鼠前面下锹，将鼠挖出。

（3）毒饵诱杀：用土豆、胡萝卜、水果块等饵料，拌杀鼠药，放置于洞穴口或鼠类出没的地方，进行毒杀。

三、鸟类危害及防治

近年来，随着打鸟、捕鸟等活动受到限制，鸟类数量明显增加，鸟类对花椒园危害也随之增大。鸟类主要啄食花椒的嫩芽和种子，造成花椒减产，或育苗失败。如2012—2015年河南省孟津县会盟镇黄河滩地花椒秋季播种育苗，大群斑鸠盗食种子，造成育苗失败。

防护方法：

（1）设置防鸟网。对鸟类为害严重的花椒园架设防护网防鸟，用防护网将花椒园全部罩起来，采收后再撤网。播种的花椒育苗地可用遮阴网覆盖，待花椒出苗后撤除遮阴网。

（2）驱鸟。①人工驱鸟：鸟类集中为害的时间段，及时把鸟驱赶到园外，被赶出园外的鸟还可能再回来，飞回园内时及时再次驱赶。②音响驱鸟：将鞭炮声、鹰叫声、敲打声等录音不定时播放，驱离害鸟。③置物驱鸟：在园内设置假人、假鹰等等，或在园内悬浮鹰、猫等图案的气球驱离害鸟。④反光膜驱鸟：在花椒树枝梢挂废光盘、反光条，利用反射的光线驱离害鸟。

第四节　花椒冻害与防护

花椒产区个别年份会发生冻害和霜害，必须采取合理的防护措施，确保树体安全越冬和产量稳定。

一、冻害及防护

1. 低温冻害

极端低温是造成花椒冻害的直接原因，当外界温度比花椒植株极限忍耐温度低时，会引起树体细胞内结冰和细胞外结冰。细胞内结冰是指原生质体和液泡相继结冻，冰晶破坏原生质体的结构，使细胞亚单位的有序隔离丧失，生物大分子结构受损；细胞外结冰指细胞间隙中靠近细胞壁的水分结冰，导致原生质体过度失水，蛋白质凝固变性，同时冰晶可能对原生质体膜造成机械损伤，使细胞失去生活力。气温下降速度快、幅度大、持续时间长，或解冻迅速，都会加重冻害程度。花椒幼树在 $-18℃$ 以下的持续低温，成年大树在于 $-25℃$ 以下的低温遭受冻伤致死。冬季异常低温可使花椒不同程度的冻伤，影响萌芽、生长和开花结果。花椒树各部位对低温的抗性有一定的差异，受冻伤后的症状也不一样。

（1）根颈冻害：根颈是花椒树地上部和地下部进行营养和水分传输的关键部位，因其接近地表，最容易受冻和伤害。根颈冻害皮层变黑褐色，引起春季发芽晚，树势生长不良，严重时全株死亡。

（2）树干冻害：主要受害部位是距地面 50 厘米以下树干和主枝。冻伤后树皮纵裂翘起外卷，冻伤轻，纵裂长度短，可愈合；冻伤重，纵裂伤口长，不能愈合，整株死亡。

（3）枝条冻害：多发生在 1～2 年生枝条，枝条受冻引起枝梢枯死，冻害越重枝梢枯死越长，严重时造成整枝枯死。

2. 影响冻害发生的因素

花椒为浅根系树种，抗寒性差，冬季持续异常低温下易发生冻害。影响花

椒冻害的因素复杂，冻害与环境、栽培管理、品种、树龄等因素相关。冻害发生时，生长在阴坡的花椒树比阳坡冻害严重；平地比沟台地冻害重；无防护林花椒园比有防护林冻害重；大田花椒比村庄四周和房前屋后花椒树冻害严重；高海拔比低海拔的花椒树冻害重；土层瘠薄比土层肥厚的花椒园冻害重。栽培管理水平对花椒耐寒性影响很大，管理好、肥水充足、树体健壮不易发生冻害，缺肥水、生长势弱易发生冻害。生长旺盛的幼树，新梢木质化程度低，易受冻枯梢；生长衰弱的老龄树易发生冻害，树龄越大，冻伤越严重。低温来临早，持续时间长，绝对低温低，花椒树易发生冻害。秋、冬季干旱少雨，风力强，气温变化大易发生冻害。品种不同冻害发生程度不同，大红袍冻害严重，油椒次之，秦安 1 号和枸椒抗冻性强。

在甘肃、陕西等省份山区花椒产地，每 2～3 年就要有 1 次花椒树冻害。陕西省宜川县 1990—2001 年期间发生低温冻害 5 次。霜冻 7 次，花椒减产 50%～60%，个别地块因冻害绝产，而且大量死树。韩城市 2000 年 9 个山区乡（镇）和 3 个浅山土塬区乡（镇）的 3 000 万株花椒树，受冻害 300 多万株，造成 90 多万株死亡。2003 年韩城市塬区 10% 的花椒树发生冻害，北部山区 7% 的树冻害。

河北省涉县 1993 年 11 月上旬至 12 月上旬降雪，树干集结冰膜，10.7 万株树干冻裂，死亡 3.9 万株，其中阴坡树体冻害 60.4%，半阳坡树体冻害 9.4%，阳坡树体冻害 2.4%，幼树枝条严重冻枯，树干冻裂，树龄大树干冻裂重。2009 年 11 月 10 日普降大雪，气温较下雪前骤降 29.9℃，全县 1/3 花椒树直接冻死，2/3 植株 1～2 年生枝条和花芽枯死，花椒严重减产或绝收，造成重大损失。据统计，河北省涉县 1964—1994 年共发生 3 次严重冻害，共计造成 69.2 万株花椒树冻害，损失巨大。冬季极端低温，或持续低温造成花椒树冻害发生，成为北方花椒产区生产中的突出问题，了解冻害形成原因和发生规律，采取正确的防护措施，把冻害损失降低到最小，确保花椒高产稳产。

3. 冻害防护措施

（1）加强栽培管理。花椒建园要因地制宜，选择背风向阳、土层深厚的地块，避免栽植在背阴和迎风的坡地。花椒建园必须营造防护林，减轻冻害发生。主栽抗冻强的秦安 1 号、小红冠、枸椒等品种。加强管理，增施有机肥，适时冬灌，合理修剪，提高树体营养水平，增强抗寒能力。

（2）栽植嫁接苗。利用枸椒作砧木，嫁接大红袍建园，提高抗寒性。选育抗寒品种，遇严重冻害年份，发动群众选择未受冻，并能丰产的单株。对选出的抗冻单株进行抗冻害试验观测，待抗冻能力稳定后，进行繁殖，大面积推广栽植，解决花椒冻害问题。

（3）树体保护。①树体涂白，用生石灰：硫黄粉：食盐：水＝10：1：1：30，并加入少量黏土和油脂，充分搅拌均匀，涂抹在树干和主枝上。既可防冻还具有杀虫灭菌、防止鼠兔啃食树皮的作用。②包裹树体，入冬后用秸秆将树体包裹越冬，也可以用蒿草、苇席、塑料膜、编织袋等物品围捆在树冠上，可防止冻害。③树干培土，树干培土可保护根颈免遭冻伤，提高抗寒，安全越冬。④灌水增温，低温到来时灌水，提高地温，防止冻害。

二、花椒霜冻及防护

我国北方花椒产区晚霜冻害是造成减产和绝收的重要原因。陕西省花椒产区每 10 年发生 3 次晚霜危害，造成幼梢和花芽冻害，导致减产或绝收。陕西省凤县花椒产区 1961—2008 年发生严重霜冻 45 次，中度霜冻 75 次，重度霜冻 183 次，发生霜冻的时间多为 3 月下旬至 4 月上旬，使花芽、花穗、花朵和幼果受到不同程度冻害。受冻器官萎蔫变黑。陕西省宜川县 1990—2001 年发生 7 次晚霜冻，减产 50％以上；韩城市北部山区高海拔地区，花椒树晚霜危害发生频繁，发生霜冻多在 4 月上旬至 5 月初，对产量和质量影响很大。2018 年 4 月 5—6 日霜冻危害波及我国北方多数花椒产区，造成大规模冻害发生，甘肃省花椒受害面积在 80％以上，陕西省北部花椒冻害达 60％，河南省西部花椒受害面积在 20％以上，花芽受冻变黑枯死，造成严重减产或绝收。霜冻危害是北方丘陵山区花椒栽培区经常发生的自然灾害，是花椒减产和绝收的主要原因，造成了花椒种植户经济重大损失。应科学认识和分析花椒霜冻形成的原因，掌握霜冻发生规律和冻害机理，制订防止霜冻和保护树体的措施，把花椒霜冻危害损失降低到最小，确保花椒种植经济效益。

1. 花椒霜冻

花椒萌芽至幼果形成期间抗冻能力比较弱，在幼芽萌生和生长期出现 0℃以下或连续 3 天低于 3℃的天气，花芽即受冻害，花期气温降温幅度超过 6℃时，花即受冻脱落。每年春季花椒发芽开花期常遇到霜冻天气，当气温低于 2℃时，花芽或花穗即遭受轻微冻伤，造成花芽或花穗生长受阻，开花时脱落，坐果率下降；当气温下降至 0℃以下，花芽或花穗中度冻害，部分花芽或花穗重度冻害，花芽或花穗受冻枯死，后变褐黑色，焦枯脱落或滞留在树枝上，造成绝产。

霜冻的发生多受北方强冷空气南下影响，短期内近地面气温骤降，使花椒的花芽或花穗遭受伤害或死亡。花椒霜冻多由冷空气入侵而引起的，另外也受到地形、地势和品种等影响。花椒霜冻一般发生在 3 月下旬至 4 月上旬，山区高海拔发生在 4 月上旬至 5 月上旬，正值花椒花芽萌发和生长时期。花芽萌发后花穗生长、开花、幼果形成，此时花椒的幼嫩器官组织抵抗低温能力差，遇霜冻低温易造成冻伤死亡。霜冻危害程度取决于冷空气的强度，冷空气强度

大，气温低，冻害程度重；冷空气滞留时间长，冻害相应加重；霜冻前气温高，降温幅度大，冻害重。花椒因品种不同对霜冻的抵抗能力差别比较大。秦安1号抗霜冻能力强，枸椒抗霜冻能力也强，而大红袍抗霜冻能力弱。同一品种高海拔山区易遭受霜冻危害，低海拔的阴坡、凹地、山坳和谷地易遭霜冻危害，丘陵地区的坡底、沟底平台易遭霜冻危害，这些地势低洼的地方，冷空气下沉聚集，不容易流动，加重了冻害程度，而高海拔山区气候寒冷，地形复杂，晚霜期推迟，容易造成花椒晚霜危害。花椒园立地条件和管理水平对抗霜冻能力影响很大，土层深厚、土壤肥沃，土壤中有机质含量高，花椒树生长健壮，抗霜冻能力强；肥水管理好的花椒园抗霜冻能力强；盛果期大树抗霜冻能力强，冻害后萌芽力强，树势恢复快，弱树、衰老大树不耐霜冻，遇霜冻害严重，树势恢复慢。昼夜温差的地区遇霜冻花椒树受害重。

天气晴朗、无风或微风、空气湿度不大的夜晚容易产生辐射霜，或低温条件的夜晚也容易产生辐射霜。丘陵、山地、冷空气积聚谷地容易发生霜冻。冷空气易于集聚的树冠下部霜冻较重，栽植密度大和园内杂草多的霜冻重。暖冬的年份，早春气温偏高，而且持续天数较长，若遇到凌晨气温骤降容易产生霜冻。北方冷空气南下，大规模强冷空气入侵形成平流霜冻，冷空气经过的地区气温迅速下降，并伴有大风、雨雪，可使地面气温降至0℃以下，造成花椒树大面积冻害，特别是迎风的沟谷、山坡、山顶等地段冻害最重。平流霜冻害强度大、范围广、持续时间长，危害严重。花椒发生严重冻害往往是由平流霜冻和辐射霜冻共同作用的结果，混合霜冻是在冷空气入侵和夜间强烈辐射两个因子综合作用下产生的霜冻，生产中最为常见。多发生在春季较长的温暖天气之后，由北方而来的冷空气遇到晴朗、无风或微风的夜间引起地表和植被表层强烈的辐射冷却，促成地面和植物表面温度降至0℃以下，形成霜冻。在高海拔的丘陵、山地的局部花椒园辐射霜冻造成花芽、花穗和花受冻减产。平流霜冻常使平地、台塬等地块的花椒花芽、花穗、花和幼果大范围受冻严重甚至绝收。受冻害的花椒树生长势变弱，冻害后易发生严重流胶和病虫害。

2. 霜冻危害防护措施

北方花椒产区霜冻危害是造成减产和绝收的重要因素。花椒花芽萌发和生长时期，常受西伯利亚和蒙古寒冷空气的袭击，大风伴随着降温，极易造成冻害。花椒花芽和嫩梢受冻后软塌枯死，随后变黑干枯。花椒园发生霜冻的地区，应积极组织技术人员和广大椒农采取科学的防护方法，霜冻过后采取积极的补救措施。

(1) 选择抗霜冻品种。在易发生霜冻的地区，选择抗霜冻能力强的品种作主栽品种，如秦安1号、枸椒等品种，也可以采用抗寒砧木的嫁接苗建园，提高抗霜冻能力。

（2）选择适宜栽培地点。丘陵、山区地形复杂，利用小地形、小环境避开霜冻。避免栽植在风口、谷底、洼地、阴坡、台塬等冷空气沉积的地方和寒冷的地块。

（3）加强管理提高树体抗霜冻能力。加强花椒园管理，增强树势，提高抗霜冻能力。增施有机肥，增加细胞质浓度，提高耐寒性。

（4）灌水防霜冻。霜冻来临前，即时灌水，提高花椒园温度，减轻霜冻。

（5）熏烟防霜冻。根据预报，霜冻来临前在花椒园上风向处点燃熏烟火堆，形成 2～3 米的烟雾层，持续 3～5 小时，可有效防止霜冻发生。

（6）树体喷洒防冻剂。早春树冠定期喷洒 60 倍液的抑蒸保温剂，或 200 倍液高脂膜，或 0.3％的甲壳素。

3. 霜冻灾害补救措施

霜冻灾害发生后不能消极等待，要积极组织椒农，采取挽救措施，减轻霜冻灾害损失。

（1）霜冻降雪天气，组织农户及时抖掉树体上的积雪，减轻冰雪冻害。

（2）霜冻过后剪掉冻黑的枯枝，有利于新芽萌发。

（3）树体喷施 1％硼砂、0.3％磷酸二氢钾或 0.5％尿素，便于恢复树势。

（4）树体喷布 0.3 波美度石硫合剂，或 40％代森锰锌 800 倍液，防治病害发生。

（5）精心管理恢复树势。加强花椒园肥水管理和病虫防治，增强树势，确保来年增产丰收。

第九章 🌿

花椒果实采收、干制与贮藏

第一节　花椒果实采收

　　花椒采收方式以人工采收为主，一般花椒品种果实从成熟到脱落约需 1 个月，因此，花椒成熟后要及时采收。花椒采收的工作量很大，每个熟练的采收工 1 天可采收鲜果 25～30 千克。为了提高采收效率，花椒产区群众发明了采摘戴的指甲刀，可显著提高采摘效率，减轻采摘对指甲的伤劳度。随着花椒生产规模的增大，果实采摘成为花椒生产重要环节，也是最费时费工的工作。为实现花椒果实机械化采摘，工程技术人员设计生产了多种型号的花椒果实采收机械。在生产应用中机械采收还存在一些缺陷，而且购买机械需要一定的费用，花椒采收还是以人工采摘为主。随着科技的进步，花椒果实采收机械设计会进一步改进，采收效率大幅度提高，花椒未来采收实现机械化是生产管理的大趋势。

一、采收期

　　花椒采收的时期因品种、用途和地区不同而有差异。红花椒成熟的标志是果实全部变红，果皮上油胞凸起半透明发亮，种子完全变黑色即为成熟。北方花椒产区栽培的品种成熟期一般在 7 月下旬至 9 月下旬。花椒果实未充分成熟采摘色泽淡、香气少、麻味差，降低品质；采摘过迟，果实裂口脱落，减少收成，遇雨霉变，影响品质。青花椒多为南方产区生产，采摘期的标志是果实长到品种固有的大小，果皮油胞凸起发亮，果实深绿鲜亮，一般在 6 月中旬至 7 月上旬采收。采收过早，成熟度不足，麻香味不浓，色泽不鲜，品质差；采收过迟，过于成熟，麻香味变淡，色泽老化甚至变成紫红色，色质差。用于保鲜加工的花椒最适采收时间为花椒仁初变黑，果皮呈绿色至深绿色，有明显油胞，有浓郁的麻香味，一般在 5 月下旬至 6 月中旬采收。采收过早香麻味不足，色泽度差。

二、采收方法

　　花椒的采摘直接影响其经济价值，采摘的时期、采摘方式、采摘效率对花椒的产量、品质、色泽和风味都有影响。花椒因带有皮刺及果实小而增加采摘难度，花椒采摘要求较高，既不能伤叶、伤芽、伤枝，又能要适时采摘。如果采摘方法选择不当，不但影响当年和来年的产量，还会降低花椒果实的商品性，造成不应有的损失。

由于花椒采收机械化相对滞后，目前采摘花椒基本依靠人工或简单的机械剪切，采摘效率低，成本高。现有机械化采摘设备在采收过程中易对果实产生的挤压、搓擦、剪切、冲击等机械损伤，造成果实品质降低，研究开发高效适用的花椒采摘机械是实现花椒高效采收的重要途径。

1. 人工采摘

采收前准备剪刀、指甲刀等工具，箩筐、提篮、背篓、专用周转箱等盛装器具。选晴天露水干后进行，用剪刀、指甲刀或手轻轻采下。采摘时一手握住枝条，一手采摘果穗，由于果穗基部枝条长有皮刺，采摘时易扎破手指，可用剪刀将果穗剪下，也可指甲戴指甲刀将果穗摘下或用手指甲将果穗直接掐掉，采摘应一穗一穗小心掐断穗柄，不能连叶摘下。采摘过程中不能用手捏花椒粒，以防油胞破裂，造成"跑油"，影响制干品的颜色和风味。为提高采收效率，可结合修剪将过密、细弱、下垂、交叉等果枝剪下后集中摘取。

青花椒采收，可以将结果枝剪下，运到空旷场地集中摘取。

2. 采摘器采收

花椒产区为提高果实采摘效率，发明和应用多种采摘器，实现了半机械采摘，采摘效率提高2～3倍。

（1）手套式采摘器。在陕西韩城花椒产区应用较广。由切摘刀片、操作壳和护手3部分组成，需要塑胶注塑、冲压、连接成形等工艺流程，部件需要分别制作，再依次将部件安装于膜具之中，最后用塑胶注塑使整体连接起来，可显著提高花椒矮林果实采摘工效。随着采摘器设计改进，更先进的手枪型八面刀花椒采摘器得到更广泛应用推广。

（2）电动花椒采摘器。由外壳、剪刀、连杆、减速装置和电动机共同组成，电动机的转动通过连杆使移动刀片摆动，与固定刀片共同完成剪断花椒果实柄的动作。只适用于矮林应用，在陕西凤翔花椒产地应用较多。

（3）锯片式花椒采摘器。电动机和减速齿轮系统组成，体积小，操作者一只手刚好握住，圆形锯片垂直于微型电动机及壳体的轴线，收割效率高，需要电源，对锯刀附近的叶片损伤较大。

无论哪种方式采收都要选择晴好天气，早上9时以后露水干后至下午5时以前采摘为宜。采摘后及时在晾席或晒场上摊开，最好是当时现采现晒。避免雨天或阴天、露水未干时采摘，否则影响干制质量。晴好天气采摘的花椒果实色泽鲜艳、麻味重，香气浓郁。

第二节　花椒果实干制

一、预先清理

花椒果实干制前要捡出里面的叶片、小树枝等杂物，保证花椒果实的纯净。尤其是果实采摘后遇降雨天气，杂入果实中的叶片、小枝等杂物易引起霉变，直接影响花椒的质量。同时，果实里面的杂物不及时清理，与果实一起干制影响后期加工、出售。在预先清理过程中还要捡出受病虫危害的果实、成熟度不够的果实，确保花椒果实干制后的商品质量。

二、晾晒干制

将清理后的新鲜花椒果实摊晾于竹帘、芦席或布单上，置于阴凉处，摊晾1～2天，使花椒果实内的水分降低，等水分蒸发后，移至太阳下曝晒。选择无云的晴天，以1天晒干的花椒质量最好。新采摘的花椒湿度大，含水分高，如不经过摊晾即行曝晒，水蒸气集聚在晒垫上，就会使接近晒垫的花椒粒产生"气壳"，同时，花椒果实上的油腺体内的芳香油渗透到果肉中，造成"浸油"发生。浸油的花椒干制后腺体凹陷，色泽暗黄，商品价值低。花椒晾晒不可放置在水泥地面或石板上曝晒，贴近地面的花椒受热过高烫熟，造成干制后的花椒颜色变暗，影响质量。晾晒时不可摊置过厚，厚度3～5厘米，同时摊晒的竹帘、芦席等垫物应用木杆等物支起，以便通风，加快干制速度。晾晒3～4小时翻动1次，待果皮充分开裂，用木棍轻轻敲打取出种子，将果皮与种子分离。

三、火炕干制

适合家庭量少应用。摘下的花椒经室内摊晾后，若遇连日阴雨，无法曝晒，即可用火炕烘烤。火炕的烟道应密封严实，不可与炕床窜烟，污染花椒。烘炕时的温度由低渐渐升温，如果骤然升温或温度过高，果皮油腺体容易破裂"跑油"，影响花椒干制品质。火炕表面温度40℃左右，连续炕制10小时左右就可完成干制，炕制过程中每隔2～3小时应翻动1次，使花椒上下受温均匀，加快水分蒸发。接近炕干后期要勤翻动，可缩短干制时间。花椒铺摊厚度5厘米左右，铺摊过厚炕制时间长，翻动花椒过勤影响炕制质量。

四、烘干干制

随着花椒规模化种植和市场对品质的要求，花椒晒制和火炕干制不能适合生产要求。晒制和火炕干制加工有限，干制时间长，费工费时，而且不能保证干制质量，因此，花椒干制逐渐采用烘干干制方法。

烘干干制可分两种，一种是建设烘干房，在烘房内烘干干制，另一种烘干机械直接干制。

1. 烘房干制

首先要建造烘房，烘房由四面墙体和房顶构成，墙体做成砖和隔热层结构，房顶可钢构或水泥板搭构，地面需水泥硬化，墙体开进料门和出料门，烘房的大小要根据花椒烘干量而定。烘房内的加热用不锈钢或镀锌管道架设，分布于内墙和烘房底部，墙排管安装于内砖墙上，底排管安装在烘房底部。管道口安装阀门，便于控制热流量。烘房还要安装风机，便于热气流动。在顶部安装排气口，排气管设置插板阀门，以便控制排气量。物料搁置在干燥盘或干燥筛内，置于小推车上，通过推车推入烘房内，烘房下部可安装轨道，轨道可加固在加热底排管上，型号与推车滚子相配套。热源可根据自身条件用电或烧煤，产生热蒸气经管道加热干制。烘烤开始时控制烘房温度 50~60℃，2.0~2.5 小时后升温到 80℃ 左右，再烘烤 8~10 小时。烘烤过程中要注意排湿和翻动，开始烘烤每隔 1 小时排湿和翻动 1 次，随着花椒含水量降低，排湿和翻动的时间可适当延长。还可以利用烤烟房干制花椒，干制时可加装干燥盘或干燥筛，由于多数烤烟烘房底部温度高，要将盛放花椒的干燥盘或干燥筛上下勤置换。当花椒含水量小于 10% 时，连同干燥盘或干燥筛取出冷却到自然温度下，将花椒种子轻轻敲下，种子与果壳分离，即可分级包装。

2. 机械干制

花椒果实机械干制可购置烘干机，烘干速度快，干品质量好，是花椒果实干制的必然趋势。花椒烘干机械多为电力能源，比较稳定，而且操作规范。花椒种植户可根据自己种植规模和果实产量选择配套功率的烘干机，并按说明要求操作即可。

第三节　花椒干制品贮藏

花椒干制后经过简单分级、包装即进行贮藏。花椒在贮藏过程中出现麻味下降、芳香气变淡、色泽变褐、油质水解霉变等问题，致使花椒品质降低，甚至失去食用价值。因此，花椒贮藏要注意每个环节，确保贮藏过程中完好无损。

一、分级

干制后的花椒采用精选机或人工进行分级，做到优级优价，提高花椒商品价值。生产中通常将花椒分为 4 个等级。

特级花椒：成熟果实制品，具有本品应有的特征及色泽、颗粒均匀、干燥、洁净、无杂质，香气浓郁，味麻辣持久，无霉粒，无油椒。闭眼、椒籽两

项不超过 3%，果穗梗≤1.5%，含水量≤11%，挥发油含量≥2.5%。

一级花椒：成熟果实制品，具有本品应有的特征及色泽，颗粒均匀、干燥、洁净、无杂质、香气浓郁、味麻持久，无霉粒、无油椒。闭眼、椒籽两项不超过 5%，果穗梗≤2%，含水量≤11%，挥发油含量≥2.5%。

二级花椒：成熟果实制品，具有本品应有的特征及色泽，颗粒均匀、干燥、洁净、无杂质，气味正常、无油椒，霉粒≤0.5%。闭眼、椒籽两项不超过 15%，果穗梗≤3%，含水量≤11%，挥发油含量≥2.5%。

三级花椒：成熟果实制品，具有本品应有的特征及色泽，颗粒均匀、干燥、洁净、无杂质，气味正常、无油椒，霉粒≤0.8%。闭眼、椒籽两项不超过 20%，果穗梗≤4%，含水量≤11%，挥发油含量≥2.5%。

二、包装

花椒干制品分级后及时进行包装。通常用洁净的编织袋、麻袋、纸箱、聚乙烯薄膜袋包装。将同一等级的花椒按装袋标准重量装入包装袋内，编织袋、麻袋用绳缝紧袋口，纸箱、纸盒用乳胶带将口密封。也可先用聚乙烯薄膜袋分装后封口，再入编织袋、麻袋、纸箱中扎好口或胶带密封。包装完成后应挂（贴）标签，注明产地、品名、等级、重量（毛重、净重）等等。

三、运输

花椒包装后，应尽快运送到贮藏库内，运输过程中注意防止曝晒、雨淋、潮湿。装卸车时应轻搬轻放，货物不可码太高，以免压碎损伤。

四、贮藏方法

贮藏方法因储藏量和预期贮藏时间不同而有所差别。普通室内贮藏，将包装好的花椒，放在通风、干燥的室内贮藏，因普通室内条件所限，不宜长期贮藏，并经常检查，及时掌握质量变化情况。低温贮藏，将包装好的花椒置于 0~1℃的低温冷库中，贮藏条件稳定，花椒可以长时间贮藏。气调库贮藏，气调库要求相对湿度在 40%以下，氧气浓度在 0.5%以下，温度 0~1℃，花椒贮藏时间长，商品率高，有利于保持花椒品质。贮藏期间应防止发生鼠害和虫害，经常检查，出现问题及时解决，保证花椒贮藏期间色泽、香气、麻味等指标不降低。

五、影响花椒贮藏的因素和贮藏期出现的问题

1. 影响花椒贮藏时间的因素

贮藏时间关系到花椒保存期限，而贮藏环境和加工方法则决定花椒贮藏期

限。花椒贮藏在普通库房内，随着贮藏时间延长，麻味、香气、色泽逐步降低。库房内温度高湿度大，将引起花椒霉变，品质大为下降，甚至不可食用。花椒贮藏低温、密封、避光的环境下，挥发油含量变化很小；而低温、密封有光照的条件下，挥发油含量显著减少；低温条件下花椒麻味有利于保存，高温条件下麻味物质氧化加速，麻味物质下降快。因此，低温、密封、避光条件下贮藏花椒可有效保持干花椒原有的香气。包装材料对花椒贮藏时间影响也很大，在5℃条件下，铝箔包装袋和透明包装袋抽真空包装，以铝箔包装的花椒麻味降低最小；真空透明包装袋、普通透明包装袋、普通铝箔包装袋麻味下降较大，而且差别不显著。在常温下真空铝箔包装麻味下降小，其他包装麻味下降均显著。由此说明，真空避光包装可很好地保证花椒品质。花椒贮藏期间，含水量不能超过霉菌生长的最低需求量，否则霉菌易侵染引起变质。同时麻味物质易通过水合作用生成其他类衍生物，导致麻味物质损失。花椒加工方法对贮藏时间也有明显影响，在干制过程中，烘干较晒干温度高，鼓风加速了氧气的流动，促进了麻味物质的氧化，高温和空气流动在加快水分蒸发的同时也增加了芳香物质的流失，加工过程中翻动使油腺破裂，在贮藏过程中，麻味物质易氧化而降低花椒的品质。花椒加工颗粒越小表面积比例越大，贮藏过程中麻味和芳香物质损失也快。

花椒在合理的加工方式、真空包装、干燥的贮藏环境条件下，温度越低贮藏时间越长，品质越稳定。

2. 花椒贮藏期容易出现的问题

花椒贮藏过程中颜色改变现象时有发生，特别是青花椒表现明显。青花椒经干制后，叶绿素逐步降解致使颜色由青绿色变为褐色。主要是叶绿素在光照条件下降解，色泽暗淡。光照干燥条件下产生活性氧，膜脂过氧化反应，使清除活性氧的能力降低，引发叶绿体膜的脂肪酸比例改变，小分子活性氧物质可以轻易进入叶绿体，从而加快了叶绿素的降解生成褐色的焦脱镁叶绿素 a、焦脱植基叶绿素 a、$C13^2$-OH 脱镁叶绿酸 a 等衍生物，最终导致其颜色由青绿色变为褐色。花椒贮藏期间大量挥发油物质均有不同程度损失。花椒中的芳樟醇、D-柠檬浠、β-水芹烯等物质含量下降，而且随花椒破碎颗粒变小损失速度加快。所以，花椒贮藏期间防止挥发油降低非常必要。花椒在不同贮藏条件下，麻味物质也会随时间而降低。麻味物质是影响花椒质量的重要指标，麻味物质含量降低或改变直接导致花椒质量下降，甚至失去食用价值。

花椒贮藏前应选择适宜的加工方式，降低其含水量，便于日后贮藏。青花椒缩短干制时间，避光干制或加入色素保护剂，可避免贮藏期褐变；红花椒干制过程免避温度过高使油腺体破裂"跑油"，或由晾晒、烘烤改为热风干制，减少挥发性芳香物质的损失，并采取真空避光包装和低温环境贮藏，保持花椒品质，延长贮藏时间。

参考文献

安晓龙，2014. 花椒嫁接砧木对形态和结实的影响 ［D］. 雅安：四川农业大学.

曾艳琼，2008. 花椒林—牧草间作对牧草生长、光合特性及土壤理化性质的影响 ［D］. 北京：北京林业大学.

常剑文，田玉堂，1987. 花椒根系分布及立地条件对其生长发育的影响 ［J］. 河北林业科技 （1）：5-8.

陈进，王炳南，1991. 花椒枝芽与结实特性的研究 ［J］. 经济林研究 （2）：17-21.

李建军，聂义军，2009. 凤县花椒霜冻特点及御防 ［J］. 陕西气象 （2）：32-34.

李智渊，李启宇，2013. 花椒栽培理论与实践 ［M］. 北京：中国农业大学出版社.

刘冰，2005. 花椒抗寒性研究 ［D］. 兰州：甘肃农业大学.

刘淑明，孙佳乾，邓振义，等，2013. 干旱胁迫对花椒不同品种根系生长及水分利用的影响 ［J］. 林业科技 （12）：30-35.

刘雪凤，2011. 黄土高原南部经济林叶片营养诊断与评价研究 ［D］. 杨凌：西北农林科技大学.

骆宗诗，向成华，章路，等，2010. 花椒林细根空间分布特征及椒草种间地下竞争 ［J］. 北京林业大学学报，（2）：86-91.

吕小军，2013. 花椒花芽分化过程中的生理生化研究 ［D］. 杨凌：西北农林科技大学.

欧万发，2016. 不同产地花椒花椒幼苗生长节律的研究 ［D］. 杨凌：西北农林科技大学.

孙玉莲，边学军，韦伯龙，等，2014. 甘肃临夏地区花椒生态气候适应性分析与产量动态气候模型 ［J］. 西南农业学报 （2）：846-850.

姚忙珍，2016. 花椒高效栽培管理技术 ［M］. 杨凌：西北农林科技大学出版社.

朱晓慧，杨途熙，魏安智，等，2015. 无刺花椒嫁接愈合过程中相关生理指标的变化 ［J］. 西北林学院学报 （2）：134-138.

朱拥军，李建国，姚小英，等，2009. 黄土高原干旱山地花椒生长的气象条件分析 ［J］. 干旱气象 （1）：52-55.

图书在版编目（CIP）数据

花椒优质丰产栽培技术 / 梁臣主编. —北京：中
国农业出版社，2020.12
　　ISBN 978-7-109-27547-8

　　Ⅰ.①花… Ⅱ.①梁… Ⅲ.①花椒－高产栽培 Ⅳ.
①S573

中国版本图书馆 CIP 数据核字（2020）第 209384 号

中国农业出版社出版

地址：北京市朝阳区麦子店街 18 号楼
邮编：100125
责任编辑：李昕昱　　文字编辑：黄璟冰
版式设计：李　文　　责任校对：沙凯霖
印刷：北京中兴印刷有限公司
版次：2020 年 12 月第 1 版
印次：2020 年 12 月北京第 1 次印刷
发行：新华书店北京发行所
开本：700mm×1000mm　1/16
印张：9.5　　插页：4
字数：170 千字
定价：58.00 元
